写真1-1　トム70000(前期形)形への電線ドラムの積込み
床面にある転動防止用埋木の活用例。床面に並べて置いた二本の角材を固定するため、埋木上に移動防止用の小角材を釘打ちしている。
Ｐ：吉岡心平所蔵

下巻のはじめに

本書はかつて国鉄に在籍した無蓋車のうち、1907年の鉄道国有化以降、国鉄自らが設計した量産形式について、その発達の系譜を上下２巻にまとめたものである。

下巻では、第五章として戦後の無蓋車の共通知識を取り上げ、第六章はトラ（戦後期以降）、第七章ではトサ、そして第八章ではトキを形式毎に解説する。

写真1-2
JR東海浜松工場では、2010年に構内入換用として残っていた台枠以下を利用してトキ900形を復元した。無蓋車の復元車は多数存在するが、国鉄制式形式を対象としたものは珍しい。
2010.8　JR東海浜松工場　P：吉岡心平

5.（下巻の）序論

個々の形式解説に入る前に、戦後の無蓋車に共通する事項をまとめておこう。

5.1　複数荷重制度（コトラ）

戦中期に製作されたトラ20000形はトムの車体を嵩上げして荷重を17トンとしたもので、床面積がトムと同じため積荷によっては満載出来ない不具合があったが、両数も500両弱と少ないためそのまま放置されてきた。

ところが昭和30年代に入り、貨物輸送力の不足が深刻になると、限られた予算内でより多くの貨車を製作するため、トラ20000と同思想の貨車を再び製作することになり、合せて1957年２月に運賃面での救済策である「複数荷重制度」を導入した。

この制度は荷重を15/17トンの二重標記とし、規程で定める特定の積荷（石炭、砕石、砂利、各種の鉱石、石灰石、銑鉄などで時期により変更あり）を積載した場合は荷重17トン、その他の積荷では荷重15トン（＝トム）として扱うもので、石炭荷重は廃止し、換算両数の積車も2.6（トラ）と2.0（トム）を併記した。また識別のため記号の前には小文字で符号「コ」を標記することにした。これが「コトラ」の語源である。

規程上は「標記トン数が17トン及び15トンと併記してある無蓋車に車扱貨物を積載した場合の貨車の標記トン数の適用方」（日本国有鉄道公示第44号）が親で、車両換算法の一部改正、貨車の荷重及び換算両数標記の特例、客貨車検査規程の一部改正などが子として附帯している。

1957年２月にコトラに指定されたのはトラ35000形（本書９ページ）とトラ20000形を整理の上、改番したトラ23000形（上巻47ページ）であった。

その後トラ40000、45000、90000形が製作と共に追加され、1963年８月にはトラ25000形がワトラからコトラに編入されている。

5.2　複数荷重制度（ストラ）

荷重18トンのトラ55000形の出現に対応するため、1963年５月に複数荷重制度を改訂拡大したもので、規程上は「標記トン数が18トン及び15トンならびに17トン及び15トンと併記してある無蓋車の標記トン数の適用方」（日本国有鉄道公示第257号）となっている。

また符号は小文字の「ス」で、鋼製アオリ戸の「スチール」に因んだとされている。

5.3　有蓋兼用無蓋車（ワトラ）

参考までに、トラ25000形の使用法について鉄道公報に掲載された文章を抜粋して掲載しておこう。

トラ25000形式貨車（ワトラ）の使用方について（営業局・運転局）

この貨車は従来の無蓋車の車体に一部改造を加え、シートの合理的な使用とともに、積荷の濡損を防止し得るように設計されたものであって、有蓋車に代用として積極的に使用することにより、空車回送キロを出来るだけ少なくし、貨車運用効率の向上を図ることを目的として製作されたものである。

この貨車の取扱方はトラ23000及びトラ35000形式（コトラ）と同様であるが、有蓋車に代用し、かつシートを使用する場合は次によること。但し、貨物の容積その他の関係でこれにより得ない場合は、一般無蓋車の場合と同様とする。

1．妻板上部に設けられた切り込みを利用し、ロープを前後の妻板の間に順次張り渡し、かつロープ掛にその都度掛けた後、使用中弛まないように十分緊縛すること（第１図参照）。

注1．ロープの張り渡しは各個所とも２筋とすること。

注2．ロープの使用本数は概ね３本とし、なるべく乾燥したものを使用すること。

2．ロープを張った上にシートを山形に掛け、ロープとロープの間で、くぼみを生じないよう十分に張り、かつほんてんしないように、ふちひもをロープ掛に厳重にくくること。

なお、シートは車票及び検査票を覆わないようにこの貨車に特に設けられたシート受で支えさせること（第２図参照）。

注1．シート受にはロープを掛けないこと。

注2．シートはなるべく完全なものを使用し必要ある場合には、２枚重ねて使用すること。

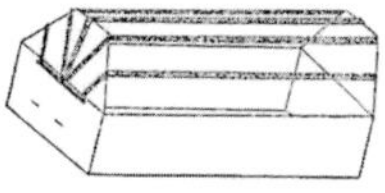

第１図

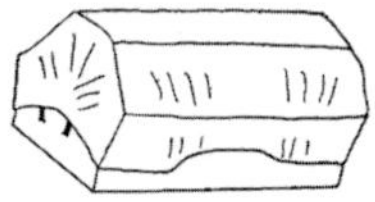

第２図

6．トラ（戦後）

「トラ」は荷重17～19トンの無蓋車で、国鉄には20形式が在籍したが、下巻では制式14形式のうち残りの7形式を取り上げる。

6.1　トラ 25000 形

●開発の経緯

昭和30年代に入ると有蓋車の不足が顕在化した。このため欧州で実用化されていた防水シートを用いた簡易的な有蓋兼用無蓋車として開発されたのがトラ25000形である。

●車歴

1957～1958年に500両が貨車メーカーで製作された。なお番号は若いが、トラ30000、35000形より後に製作されている。

●仕様

コトラ規格のトラ35000形がベースで、荷重は15/17トン、車体の内法寸法は長さ7,294×幅2,500×アオリ戸高さ965mmで、妻構構造の変更で内法長さは94mm長くなり、床面積は18.2m^{2}に増えた。

有蓋車として使用する際は、妻板間に張ったロープで屋根代りの防水シートを支持する設計とした。

なお標記には有蓋兼用を区別する小文字の符号「ワ」を附したため、ワトラと通称されている。

表6-1　トラ25000形の両数変遷

形式	年度末両数														
	1957	1958～66	1967～70	1971	1972	1973	1974	1975	1976	1977	1978	1979	1980	1981～4	1985
トラ25000	430	500	499	494	451	430	366	177	122	84	14	6	5	2	0

写真6-1
トラ25000形25080
ワトラ時代の写真。
アオリ戸の周囲は鋼板で覆われ、番号の位置は防水シートで隠れないように通常のトラより一段低く、その両脇にはシート受金具がある。
P：吉岡心平所蔵

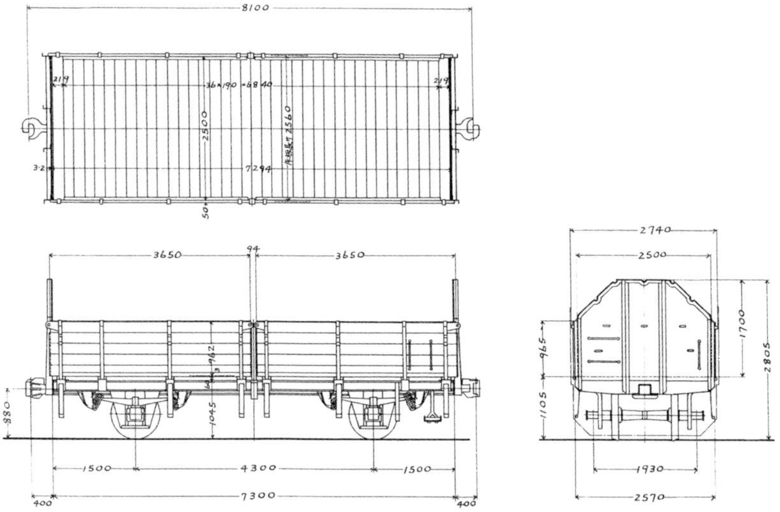

図6-1
トラ25000形の形式図
図番はVD0891で作図は1957年3月。

写真6-2
トラ25000形25217
晩年の姿で、妻柱の下部には補強が追加されている。写真の車両は右側のアオリ戸をトラ40000形のものと交換したため、番号が右アオリ戸に移動した珍しい例。トラ25000形のアオリ戸は長手方向に長いが、不足した50mm分は右端に角材を足して補った。
1975.5　越中島　P：吉岡心平

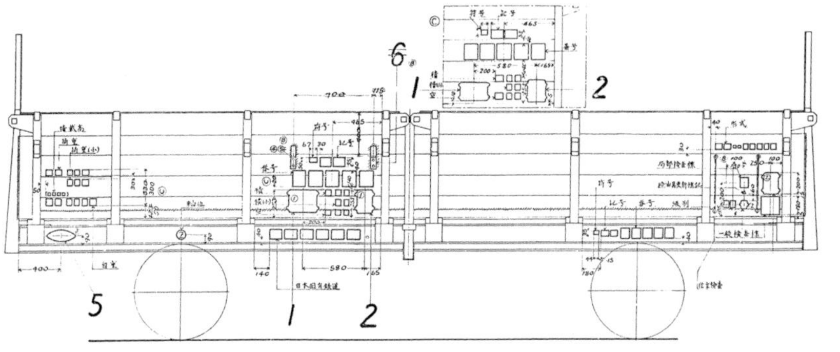

図6-2
トラ25000形の標記図
ワトラ時代の標記が一段低く、左右にシート受金具があることと、コトラに変更後は標記位置が高くなったことがよく判る。

●上回り

トラ35000形に有蓋車兼用と防水構造を追加した設計で、妻板は鋼製としてシート支持用のロープを固定するため上辺高さを床面上1,700mmと高くした。

側面のアオリ戸はトラ35000形と同じ190×50mm断面の木製５枚側だが、継手形状は防水に優れたアイカキとし、床板／側柱／妻板との接続部は防水のため図6-3に示す水切りを設置した。ゴム等を用いなかったのは、無蓋車として使用した際の水はけを考慮したためである。

有蓋車に代用時は、妻板間に５本のロープを張り、この上に防水シートを掛けるため、妻板の上辺にはロープを固定する凹部を持つ。またアオリ戸には垂れたシートで番号の標記が隠れるのを防ぐため、シート受金具が標記の両脇に追加された。

●下回り

台枠はトラ35000形に酷似するが、妻構を鋼製としたため端梁形状を変更した。走り装置は２段リンク式で、軸箱守はトラ30000形が変形防止のため採用したVC23997形である。

装備品もトラ35000形と同一で、連結器は並形上作用で緩衝器は丙種引張摩擦式、空気ブレーキはKC180形、留置ブレーキは片側テコ式である。

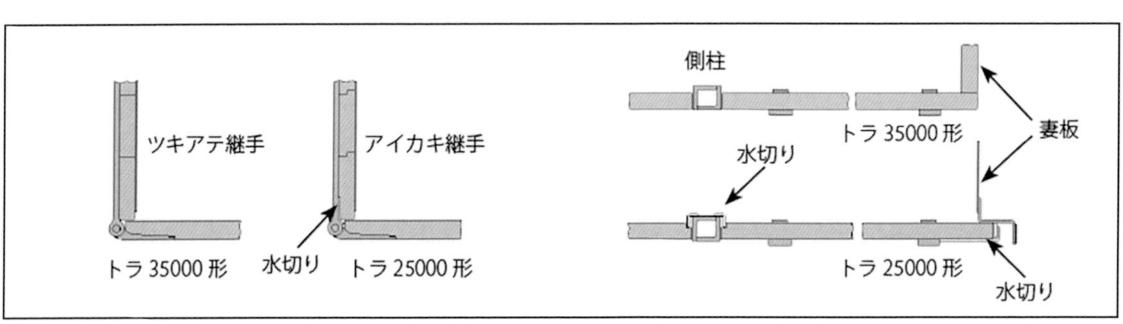

図6-3　トラ25000形の防水構造　作図：吉岡心平

●その後

一石二鳥を狙った兼用貨車はとかく失敗するものが多いが、本形式もその例に漏れず実用性に難点があったため、1963年４月に有蓋兼用の扱いを廃止し、符号を「ワ」から「コ」に変更してコトラの一員とした。これに伴い各部の水切り構造は修繕時に撤去され、木板の継手も無蓋車標準のツキアテとしたが、妻板構造が異なる分、アオリ戸がトラ35000、40000形より長く、保守時の部材では苦労したようである。

後天的な補強としては、妻板が大型のため取付部の強度が不足したため、妻柱下部に補強を追加した。

落成から15年を経た1972年度から本格的な廃車が始まり、1985年に形式消滅した。

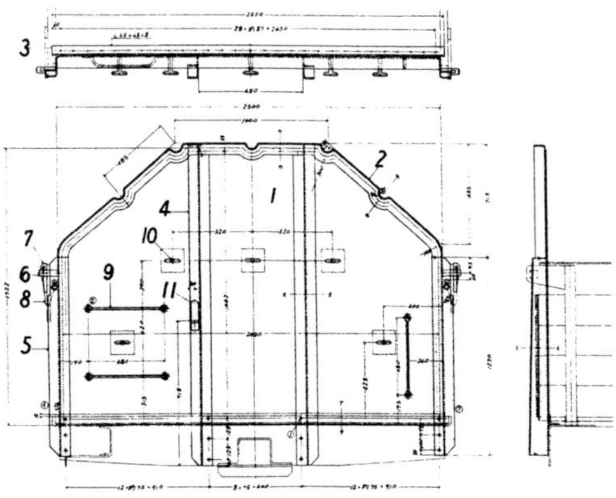

図6-4　トラ25000形の妻構
上辺の床面高さは1700mmと通常のコトラより435mm高い。

6.2　トラ 30000 形

●誕生の経緯

戦後の２軸無蓋車は1954年度のトラ6000形の製作で幕を開けたが、ちょうど２段リンクばね釣り装置を装備したワム90000形の量産が始まった頃でもあった。そこで翌年の増備は２段リンクを装備する新形式とすることになり、誕生したのが本形式である。

●車歴

1955〜1957年度に2,200両が車両メーカー各社で製作された。なお落成は一部が1958年度にずれ込んでいる。

●仕様

車体部分はトラ6000形と全く同じで、車体の内法寸法は長さ8,650×幅2,450×アオリ戸高さ800mm、床面積は21.2m^2であった。

下回りでは軸距を5,000mmとトラ6000形より400mm延長した。建設規程による制限は、２段リンク式走り装置は輪軸の横動量が大きいため、固定軸と見做さないことで回避している。

6.2.1　前期形　30000 〜 30299

1955年、国鉄ではドイツ国鉄のコンテナを模倣した荷重2.5トンの3000形中型コンテナを10個試作した。これを積載する貨車に選ばれたのが本形式で、1955年製の30000〜30299の300両は台枠側面に3000形コンテナの緊締金具を装備して落成した。

具体的には台枠の長土台下にコンテナを固定するたすきを掛けるフックを取付けた。またコンテナ積載時はアオリ戸を撤去するため、その際に用いる側ブレーキの補助手摺を台枠上面近くに２個設置した。

下回りでは、台枠はトラ6000形に酷似し軸距が400mm長いだけである。走り装置はワム90000形と同じ２段リンクばね釣り装置を採用し、担いバネもワムと同じ第13種である。

当初の計画では、コンテナ輸送時に高速での走行を目指し、軸箱守も横動時の復元力を期待した低弾性形（図6-6のVC23949）としたが、実際に使用すると変形が多発したため、翌年度に両脇上半分に補強板を溶接して補強（VC23949A）した。

装備品はトラ6000形と同一だが、軸距の拡大による艤装変更で、留置用の片側ブレーキの位置が車体中央に移動したのが目新しい。

6.2.2　後期形　30300 〜 32199

結局、3000形コンテナは試験輸送に止まったため、1956年以降に製作した1,900両は本来の無蓋車専用とし、緊締金具と補助手摺を廃止した。

下回りでは、軸箱守を従来と同じU字断面（図6-6のVC23997）に設計変更している。

表6-2　トラ30000形の両数変遷

形式	年度末両数																						
	1955	1956	1957	1958〜60	1961〜5	1966	1967	1968〜9	1970	1971	1972	1973	1974	1975	1976	1977	1978	1979	1980	1981	1982	1983	1984
トラ30000	300	1000	2095	2200	2199	2198	2196	2195	2194	2192	2044	1861	1526	1061	723	406	127	82	70	42	16	8	0

写真6-3
トラ30000形30235
前期形で1955年12月日立製作所製。
アオリ戸の下に沿って3000形コンテナの緊締装置と側ブレーキの補助手摺が見える。
P：吉岡心平所蔵

写真6-4
トラ30000形30574
後期形で1956年11月日車本店製。
これまでのトラでは右側のアオリ戸に番号が標記されていたが、本形式では側ブレーキの手摺を設置したため、番号の位置は左側のアオリ戸に移動した。
P：吉岡心平所蔵

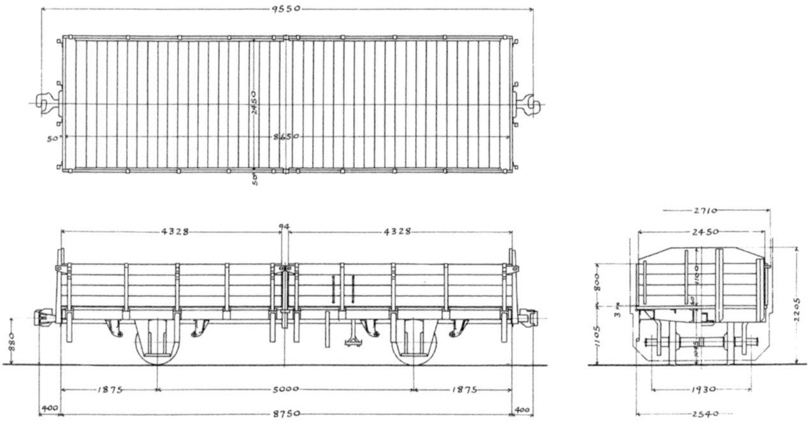

図6-5
トラ30000形の形式図
図番はVD0880で作図は1955年7月。

●その後

トラ6000形に続く「長トラ」の一員として汎用無蓋車として活躍したが、増備の主力は「コトラ」に移行したため、「長トラ」の後継はトラ70000形(本書27ページ)まで10年間のブランクが生じた。本格的な淘汰は1972年度から始まったが、転動防止に優れた木製床の長トラとして特定荷主に愛用され、1984年度に形式消滅した。

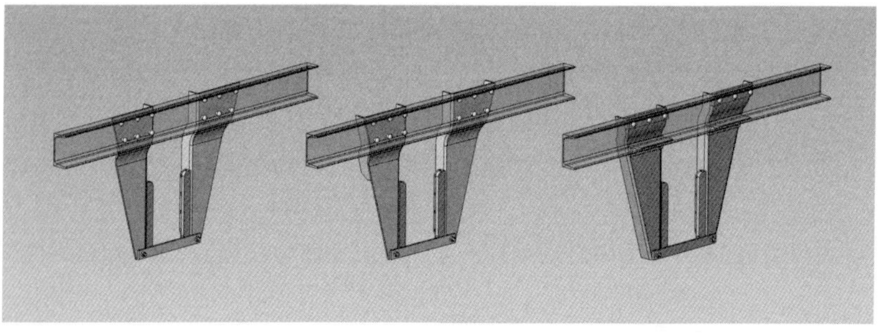

図6-6
トラ30000形の軸箱守の変遷
左は前期形の落成時(VC23949)、中は前期形の補強後(VC23949A)、右は後期形(VC23997)の軸箱守。
作図：吉岡心平

写真6-5
トラ30000形30109
(3000形コンテナ3001～3005積)
　番号などを記入した運転標記板が無いため、恐らく写真撮影用の姿だと思われる。
P：吉岡心平所蔵

写真6-6
トラ30000形30000
(3000形コンテナ3006～3010積)
　コンテナの3006～3010は底面に車輪を追加したため、貨車には車輪の固定装置が追加された。
　なお写真のトラ30000号車は3000形コンテナの長期試験運用に供試されている。
P：吉岡心平所蔵

図6-7
トラ30000形の3000形コンテナ積載図
　3000形コンテナの3001～3005を積載したところ。

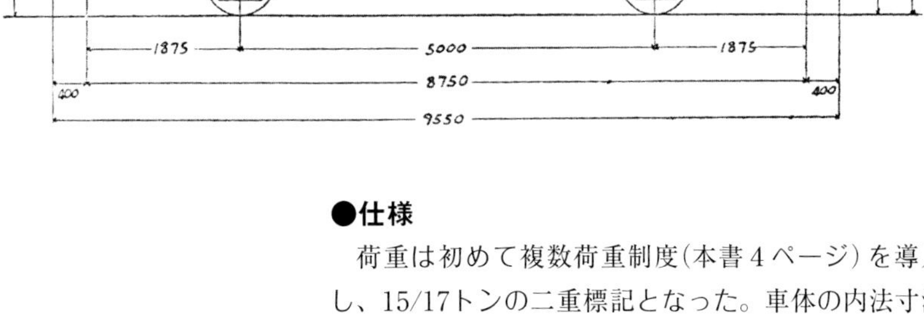

6.3　トラ 35000 形

●誕生の経緯

「長トラ」のトラ30000形に続き、今度は「コトラ」を2段リンク化したのが本形式である。

●車歴

　1956～1959年度に2,658両が貨車メーカー各社で製作された。半端な数なのは最終年度に158両製作されたためである。

●仕様

　荷重は初めて複数荷重制度(本書4ページ)を導入し、15/17トンの二重標記となった。車体の内法寸法は長さ7,200 ×幅2,500×アオリ戸高さ965mm、床面積は18.0m^2で、1943年に製作されたトラ20000形新製車(上巻44ページ)と全く同寸法である。

●上回り

　車体部分はトラ20000形新製車と同じで、使用した木材の断面寸法も変わらない。妻柱はZ断面のプレス成型品である。

●下回り

台枠構造はトラ20000形と同じで主要な部材寸法も同じだが、軸距は4,300mmと200mm延長した。

走り装置はトラ30000形と同じ２段リンクばね釣り装置を採用し、担いバネは２段リンク対応の第13種、軸箱守はトラ30000形の後期形と同じVC23997形を使用した。

その他の装備品もトラ30000形と同一である。

●その後

国鉄では製紙原料の木材チップ輸送車をコトラ改造で製作することになり、1964年度からトラ23000形を種車としたトラ90000形の製作を開始した。

トラ23000形の枯渇後は本形式が種車に選ばれ、1966～1970年度に2,237両（本形式全体の84％）がトラ90000形に改造された。

このため1970年度末の両数は411両に急減、本格的な廃車は1973年度から始まり、1985年度に形式消滅した。

表6-3　トラ35000形の両数変遷

形式	年度末両数																							
	1956	1957～8	1959～61	1962	1963	1964	1965	1966	1967	1968	1969	1970～1	1972	1973	1974	1975	1976	1977	1978	1979	1980	1981	1982～3	1984	1985
トラ35000	915	2500	2658	2657	2656	2635	2235	1334	1025	875	843	411	407	389	313	271	218	84	44	37	25	18	3	2	0

写真6-7
トラ35000形35955
1957年４月日車本店製。
番号の記載位置はトラ30000形を真似て左側のアオリ戸となったが、これが後に物議を醸すことになる。　P：吉岡心平所蔵

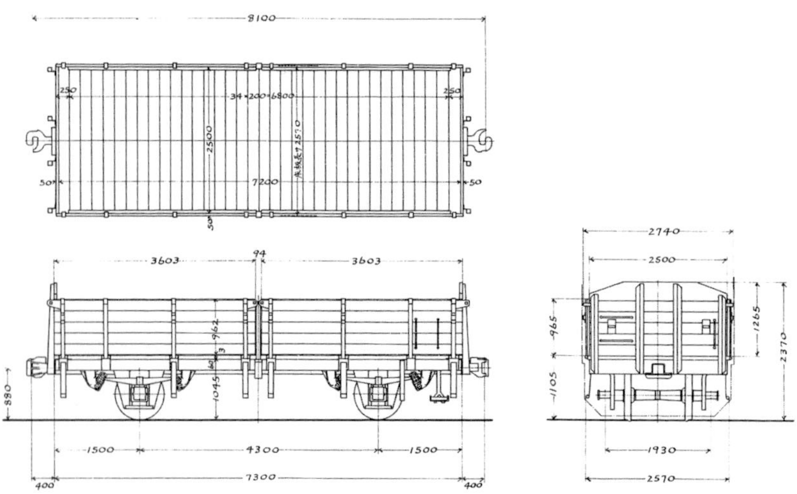

図6-8
トラ35000形の形式図
図番はVD0889で作図は1956年11月。

6.4　トラ 40000 形

●誕生の経緯

ワム80000二代形で開発した新型軽量台枠を初めて無蓋車に適用したもので、コトラ系列のトラ35000形の後継形式に当たる。

●車歴

1960年度に40000～43269の3,270両が製作された。2,700両は貨車メーカー製だが、残り570両は国鉄工場での老朽無蓋車の改造車(実際には一部部品を流用しただけの準新車)である。

●仕様

トラ35000形と全く同一で、荷重は15/17トンの複数、車体の内法寸法(長さ7,200×幅2,500mm)や床面積(18.0m^2)も両者同一であった。

●上回り

車体は全て木製で、側面は前後二分割のアオリ戸で扉寸法は幅3,603×高さ965mmで190×50mm断面の5枚側である。妻板は荷崩れ防止のためトラ35000形より板2枚分(380mm)高くしたため、上辺の床面高さは1,645mmとなった。

細かな点では車両番号の標記場所が左アオリ戸から右に変更されている。

●下回り

台枠の主要寸法は長さ7,300／軸距4,300mmでトラ35000形と同一だが、構造はワム80000形と同じ新型軽量台枠を採用したため一変した。詳細は図6-12を見て頂きたいが、外観上はアオリ戸の直ぐ下に側梁があ

表6-4　トラ40000形の両数変遷

形式	年度末両数																				
	1960~2	1963~5	1966	1967	1968	1969	1970	1971	1972	1973	1974	1975	1976	1977	1978	1979	1980	1981	1982	1983	1984	1985
トラ40000	3270	3269	3267	3266	3263	3258	3257	3249	3119	3017	2718	1654	1305	935	220	131	104	46	21	8	6	0

写真6-8
トラ40000形40202
1960年10月日立製作所製。
台枠構造が大きく変わり、側梁がこれまでの長土台の位置まで広がった。
番号の記載位置は無事に右側のアオリ戸に戻っている。
P：吉岡心平所蔵

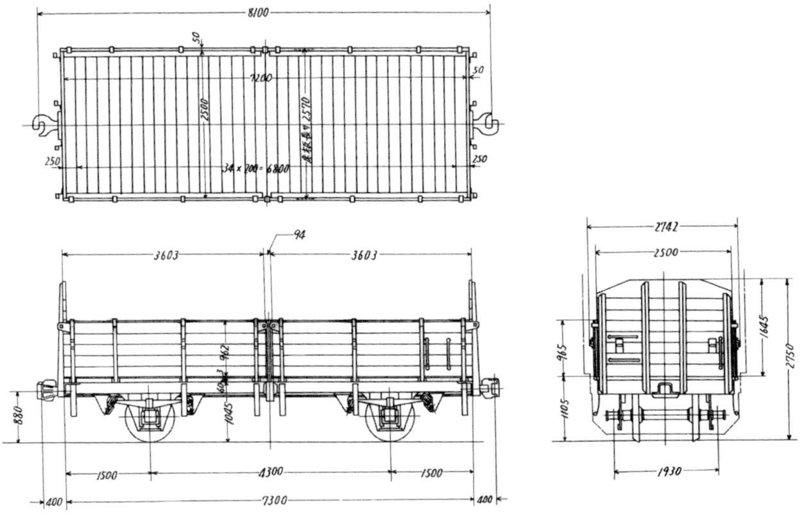

図6-9
トラ40000形の形式図
図番はVD06010で作図は1960年5月。

ることが特徴で、アオリ戸受バネも側梁にねじ留めされている。装備品では連結器の緩衝器が丙種から50トン輪バネに変更された。

●その後

落成後は汎用無蓋車として活躍し、木製床板のため転動防止を要する積荷に適した「イタトラ」として人気を博した。物適貨車への改造は1969年度にトラ43600形鋼管専用車に４両改造されただけと少ない。

本形式の新型軽量台枠は後のトラ45000／55000形より弱かったようで、本格的な廃車は1972年度から始まり、1978年度以降はトラ45000形145000番代に置換えられ、1985年度末に形式消滅した。

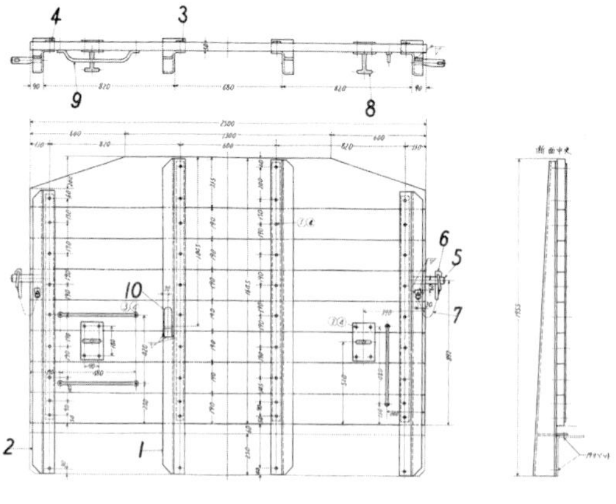

図6-10　トラ40000形の妻構

上辺の床面高さは1,645mmで、従来のトラ35000形より木板２枚分（＝380mm）高くなった。

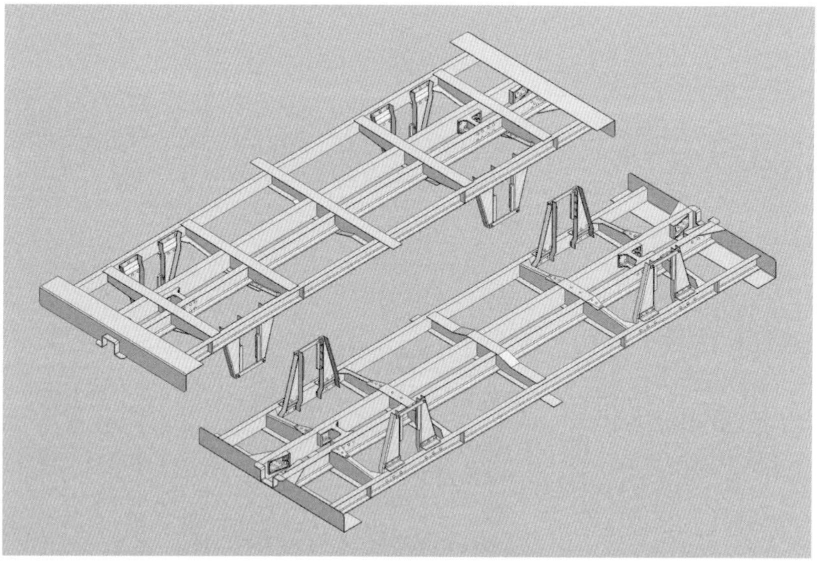

図6-11
トラ35000形の台枠

中梁は250×90、側梁は180×75溝形鋼で、溶接組立を多用しているが、基本的な構造は戦前製のトム19000形（上巻25ページ）から変わっていない。

作図：吉岡心平

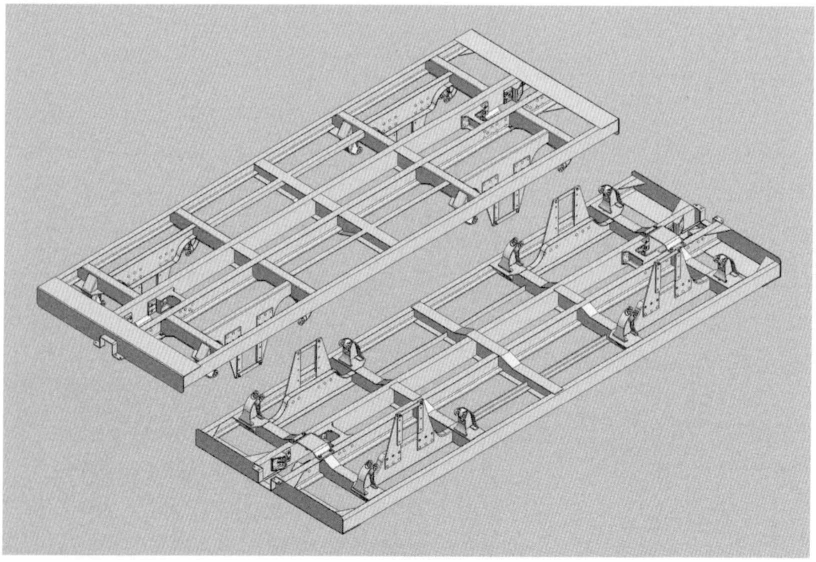

図6-12
トラ40000形の台枠

新型軽量台枠の嚆矢で、最大の変更点は、これまで側梁に取付けていたばね釣り受と軸箱守を前者は横梁、後者は荷受梁を兼ねた専用梁に取付けるように変更し、側梁をアオリ戸下まで広げた点にある。　作図：吉岡心平

6.5　トラ 45000 形

●誕生の経緯

無蓋車は有蓋車より寿命が10年ほど短いが、原因は木製床板からの漏水による台枠の腐食で、1960年度の研究では対策として床板の鋼製化が有効とされた。そこでトラ40000形の後継形式は床板を鋼製とすることになり、誕生したのが本形式である。

●車歴

1961～1963年度に45000～53183の8,184両が車両メーカーで製作、または国鉄工場で古いトム／トラから改造された。

45000は試作車で、45001以降の量産車とは構造が異なり、トム／トラの改造車は1961年度の47330～47649の320両と1962年度の50717～51036の320両で、種車の一部部品のみを流用した準新車である。

●仕様

コトラ系列のため荷重15/17トン、内法寸法は長さ7,204×幅2,500×アオリ戸高さ965mm、床面積は18.0m^{2}で、長さが僅かに異なる他はトラ40000形と同一である。

●上回り

車体は前後二分割の総アオリ戸式で、アオリ戸はトラ40000形と同じ長さ3,603×幅190×厚さ50mmの木製５枚側だが、ヒンジ位置が異なる。

表6-5　トラ45000形の両数変遷

形式	年度末両数																									
	1961	1962	1963	1964	1965	1966	1967	1968	1969~70	1971	1972	1973	1974	1975	1976	1977	1978	1979	1980	1981	1982	1983	1984	1985	1986	1987
トラ45000	4050	7856	8181	8180	8176	8173	8171	8156	8155	8154	8151	8144	8058	7975	6553	5524	5144	5078	5048	5022	1413	1223	949	934	45	→JR

写真6-9
トラ45000形45000
1961年10月日立製作所製の試作車。
床板を鋼板とした分、台枠側梁の位置が高くなったため、外観では腰高な印象を受ける。
写真は試作車で、量産車と台枠の中梁部分の構造が異なるが、外観では見分けがつかない。
P：吉岡心平所蔵

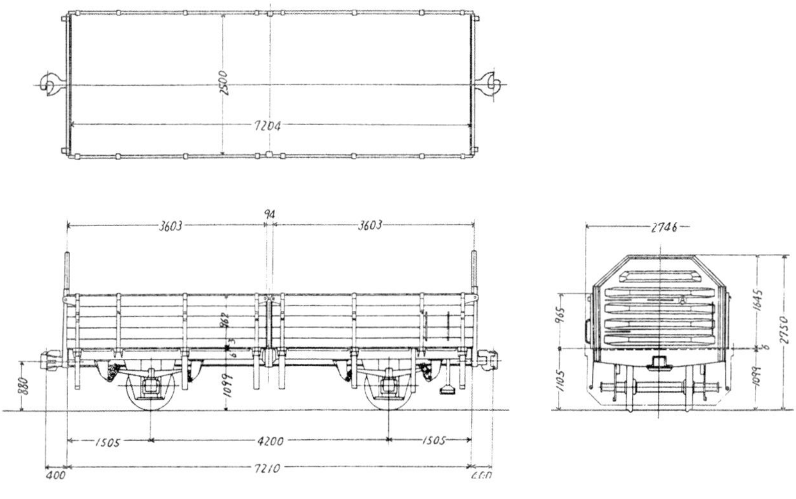

図6-13
トラ45000形の形式図図
図番はVD06014で作図は1960年12月。

妻構は新規設計の鋼製で、厚さ3.2mmの妻板周囲に厚さ６mmの上枠と厚さ８mmの隅柱を溶接し、上辺の床面高さは1,645mmと、トラ40000形と同じとした。妻板の材質はワムの妻板で実績ある絞り用特殊鋼板で、冷間プレス加工で凹部を５本形成した。

床板は長さ7,210×幅2,570×厚さ６mmの普通鋼板で、台枠と床板は溶接で一体化され、床板の両サイドは台枠側梁から外側に70mm張り出している。

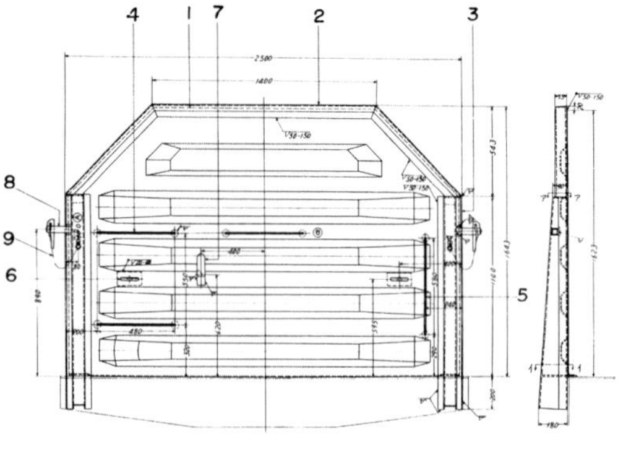

図6-14　トラ45000形の妻構
上辺の床面高さは1,643mmで、何故かトラ40000形より2mm低い。

●下回り

台枠はトラ40000形の新型軽量構造を踏襲したが、長さは妻構の鋼製化で94mm短くなったため、長さ7,210、軸距4,200mmに短縮した。

床板も鋼板化で54mm薄くなったが、床面のレール面上高さと連結器高さは従来通りとしたため、中梁位置は変えずに台枠の高さを54mm高くした。

試作車の45000は、中梁はトラ40000形と同じ250×90溝型鋼のままで、その上に高さ54mmの床受を追加して高さを合わせたが、45001以降の量産車は中梁を300×90溝型鋼に太くして床受を不要とした。側梁も位置が高くなったため、ばね釣り受も高さが高いものとなり、横梁にあるばね釣り受取付面もトラ40000形より一回り拡大した。端梁はトラ25000形と同様、下辺を斜めに切り上げた形とした。

1962年製の51037以降は緩衝器を50トン輪バネから

写真6-10
トラ45000形47074
量産車の例。
床板が変形してアオリ戸との隙間から積荷が漏れるのを防ぐため、台枠側梁の上端と床板との間に後天的改造により山形鋼が追加されている。
1977.3　水島港　P：吉岡心平

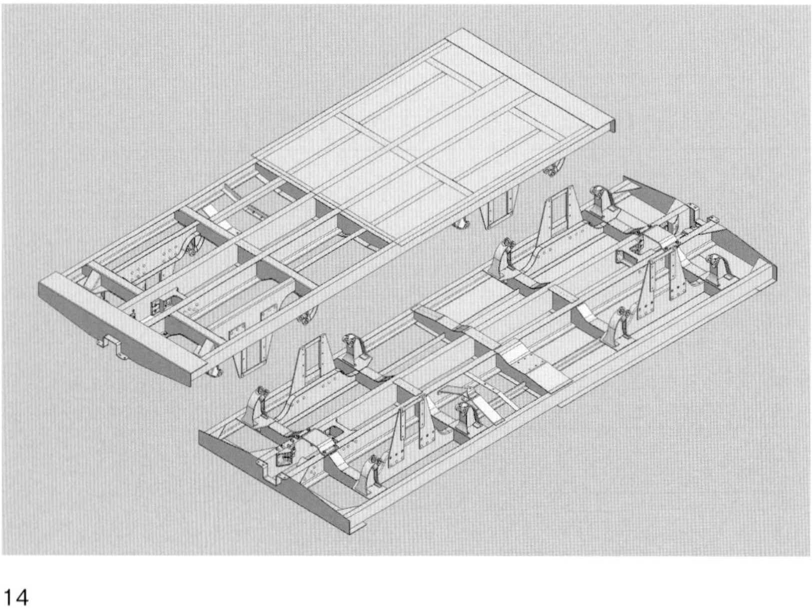

図6-15
トラ45000形（量産車）の台枠
図番はVD06014で作図は1960年12月。
中梁は300×90、側梁は180×75溝形鋼である。床面の位置がトラ40000形より高くなったため、ばね釣り受も大型で高さの高いものとなった。　　作図：吉岡心平

RD2形ゴムに変更し、床板の張出しと台枠側梁間に65×65山形鋼による補強を追加した。これは荷役機械の乗降時に張出し部が変形し、アオリ戸との隙間から積荷が漏洩する事故が多発したためである。

なおこれまでに製作された車両も、全般検査の際に同様に補強されている。

6.5.1　鋼製アオリ戸　48457～48459

床板と妻構に続いてアオリ戸も鋼製化を試みることになり、1961年度日立製の48457～48459の３両を鋼製アオリ戸の試作車とした。試作したアオリ戸は図6-16に示す３種で、アオリ戸の周囲寸法や厚さ、ヒンジ位置は木製と互換性を持たせた。なおアオリ戸を除く車体部分は全て量産車と同一である。

●トラ48457　縦縞プレス形

側板にプレス加工で縦縞形の凸部を設けたアオリ戸で、トラ55000形が採用したのはこれの改良品。

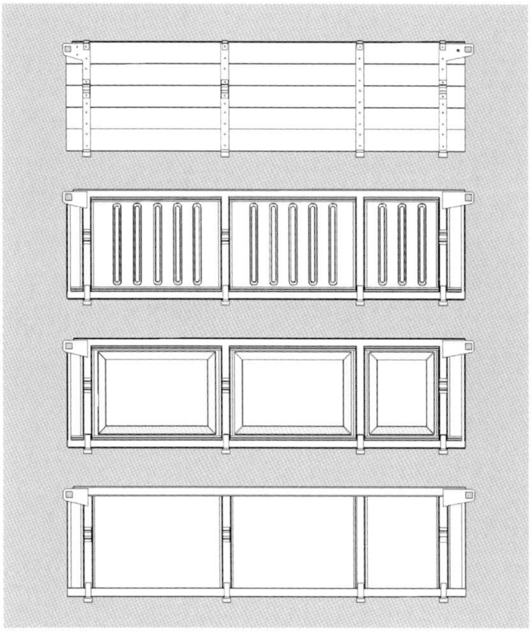

図6-16　トラ45000形の試作鋼製アオリ戸構
上からトラ48457の縦縞プレス形、48458の角錘台プレス形、48459の平板形を示す。

写真6-11
トラ45000形48457
1962年１月日立製作所製の鋼製アオリ戸試作車で、アオリ戸は縦縞プレス形。
全体の雰囲気は後の東武トラ１形と似ている。
P：吉岡心平所蔵

写真6-12
トラ45000形48458
1962年１月日立製作所製の鋼製アオリ戸試作車で、アオリ戸は角錐台プレス形である。
P：吉岡心平所蔵

写真6-13
トラ45000形48459
1962年1月日立製作所製の鋼製アオリ戸試作車で、アオリ戸は平板形。
このタイプは強度はイマイチだが保守が容易な利点があり、後に枠組みを強化したものをJR貨物がトラ70000形やトキ25000形のアオリ戸更新に用いている。
P：吉岡心平所蔵

側板は厚さ3.2mm普通鋼板で縦縞形の凸部13本をプレス加工した。凸部の深さは20mmと浅く、同時に全体を皿型に成型して周囲を25mm折返した。

周囲の補強枠は全て3.2mmの鋼板製で上下枠は箱型、左右の隅柱はC字、2本の縦柱は帽子形断面とし、全溶接で組み立てた。

●トラ48458　角錘台プレス形

トラ48457と似たプレス構造だか、凸部の形を深さ30mmの角錘台形としたもの。

●トラ48459　平板

トム19000形（上巻25ページ参照）の近代化版で、長方形の枠に厚さ3.2mmの平鋼板を溶接したもの。周囲の枠は厚さ3.2（一部4.5）mmの鋼板成型品を側板と溶接して一体の角型断面とした。重量は約650kgで木製より約100kg軽い。

これらの試作アオリ戸は製作段階で単体の荷重試験、落成後は各種の現車試験に供試された。

試験の結果はトラ48457の縦縞プレス品が最良だったが、変形した鋼製アオリ戸を開閉した場合の車体側ヒンジ強度が不足したため、長期実用試験は見送りとなり、更なる検討はヒンジを大型として強化したトラ55000形試作車に移行している。

6.5.2　木床改造車　145000番代

●誕生の経緯

トラ45000形は石炭や鉱石などばら積貨物の輸送に威力を発揮したが、床面に釘打ちが出来ないため、転動防止を要する機械などの輸送には不適であった。このためトラ40000形以前の木床車は「イタトラ」として配車上も区別されていたが、老朽廃車が進むにつれ鋼製床車の比率が高まったため、荷主はイタトラの増備を望むようになった。

この対策として製作から3回目の全般検査を迎えたトラ45000形を木床車に改造することにした。

●車歴

1978～1981年度に913両が国鉄工場で改造された。改造車は全検入場車から無作為に選び、改造後は原番号に10万を加えて区別した。

写真6-14
トラ45000形146052
1979年12月国鉄新小岩車両センターの改造車で、落成直後に撮影したもの。
1974.12　越中島　P：吉岡心平

写真6-15
トラ45000形145000
試作車も1980年１月に国鉄新津車両管理所で木床化改造を受けた。右側のアオリ戸にある木札には「八戸貨物駅常備」と記入されている。
1981.7　八戸貨物　P：吉岡心平

図6-17
トラ45000形（145000番代）の形式図
図番はFD0832で作図は1978年10月。

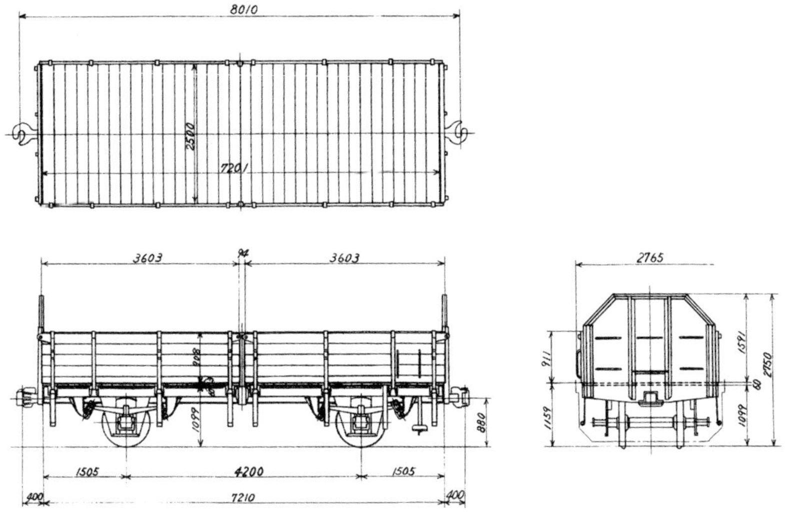

●改造内容

改造では従来の厚さ６mmの鋼製床板を除去して台枠を剥き出し、その上にトラ40000形と同寸法の床板（200×60断面で長さ2,570mm）を敷き詰めた。アオリ戸下部は、最下段の木板を54mm切断した。

保守上の弱点だった妻構は、図6-18に示す通りトキ25000形終期形（本書46ページ）と似た平板形を新製した。外形寸法は改造前と同じだが、材質は高強度の耐候性高張力鋼を用いて板厚は床上1,100mmを4.5mm、これより上は3.2mmとした。また妻構の中央寄にはトラ40000形と似た妻柱を２本新設した。

台枠以下は基本的に同一だが、木床車の標準装備であるブレーキシリンダの防水カバーを追加した。

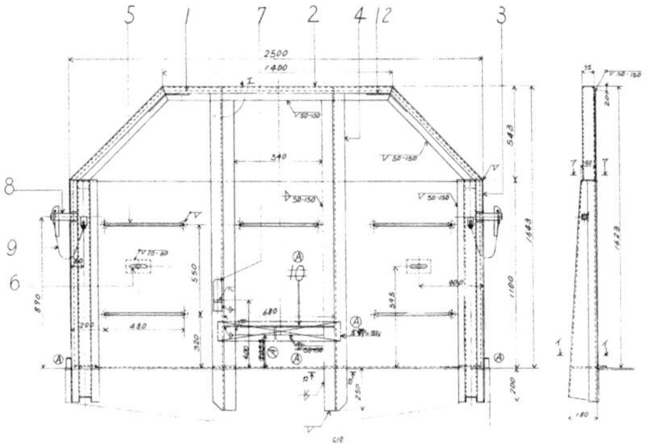

図6-18　トラ45000形（145000番代）の妻構
材質は強度の高い耐候性高張力鋼となり、板厚も下半分は厚さ4.5mmと従来より厚くなった。

●その後

改造後はトラ40000形並の木床車となり、全国各地で賞用され特定駅に仮常備された車両も多数見られた。

本形式の本格的な淘汰は1976年度に始まり、木床化改造が終息した1982年度には残った鋼床車が一挙に3,600両廃車され、1984年度以降はほぼ木床車に統一されたが、1986年度にはこれも急減した。

本形式由来の物適貨車は1968年度改造の鋼板輸送用トラ43500形が11両あるだけである。

JR各社には貨物39、西日本５、四国１の計45両が承継されている。

6.6　トラ 55000 形

●誕生の経緯

昭和30年代後半になると鉄道貨物の輸送力不足が深刻となったため、国鉄では貨車近代化委員会を設置し、積載単位の増大／自重の軽減／車体長の短縮の見地から貨車構造を見直すこととした。以上の見地から1962年度の技術課題で試作された新型無蓋車が本形式である。

6.6.1　試作車　55000 ～ 55004

55000～55004の５両で最初３両が日立、残り２両は三菱製、落成は後述するタイプで異なりタイプAが1962年11月、タイプBは1963年１月である。

●仕様

開発の主眼は荷重18トンの実現にあり、車両限界に第三縮小車両(＝新車両)限界を採用、アオリ戸高さは965mmのままで車体内寸を長さ7,270×幅2,585mmに拡大し、容積を1.7m^{3}増しの39.5m^{3}として荷重15/18トンを実現した。いっぽう軸重は13.2トンに制約されたため、自重はトラ45000形から約0.5トン軽くする必要があり、各部の構造を見直す要因となった。

●上回り

車体はアオリ戸／妻構／床板を全て鋼製とした。

アオリ戸はトラ45000形48457(写真6-11) で試作した縦縞プレス形を改良したもので、厚さ3.2mmの鋼板にプレス加工で縦縞形の凸部を10本設け、その周囲に厚さ3.2mmの鋼板を成型した補強枠を溶接した。トラ45000形との相違は、凸部の深さと大きさを拡大し

表6-6　トラ55000形の両数変遷

形式	年度末両数																				
	1962	1963	1964	1965	1966~8	1969	1970~1	1972	1973	1974	1975	1976	1977	1978	1979	1980	1981	1982	1983	1984	1985	1986
トラ55000	5	1305	1705	2105	3204	3203	3202	3201	3145	2946	2913	2596	2269	2212	2199	2183	2158	1328	863	217	138	0

写真6-16
トラ55000形55000
1962年11月日立製作所製で試作車タイプA
落成時の写真で符号「ス」はまだ未制定。番号の部分には標記板が無く、文字はアオリ戸の凸凹上に直書きされている。　P：吉岡心平

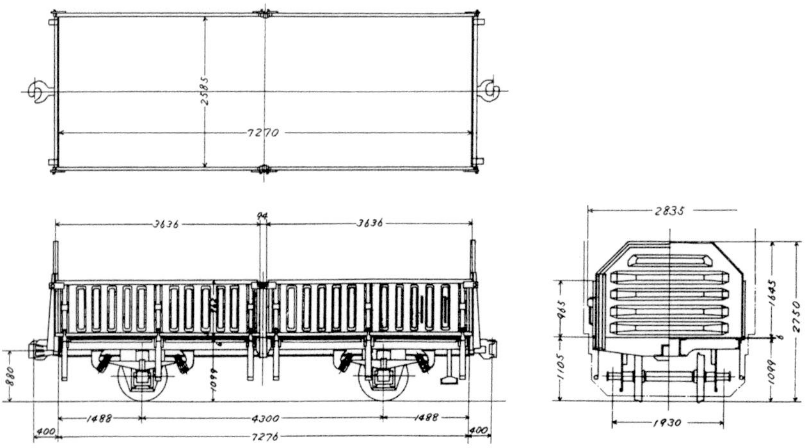

図6-19
トラ55000形(試作車タイプA)の形式図
図番はVD06023で作図は1962年５月。

て強度を増加し、縦柱は１本として台枠とのヒンジを３箇所に減らした。開扉時にアオリ戸受バネとぶつかる凸部（アオリ受座）は縦柱を抱込む形にして強化した。

アオリ戸のヒンジ構造はタイプＡとＢの二種類を試作した。前者（日立製55000、55001と三菱製55003）は従来と同じだが、タイプＢ（日立製55002と三菱製55004）は初めて通常のアオリ戸上開きとカーダンパ荷役に適したアオリ戸下開きをヒンジの操作で選択可能とした。

妻構のうち妻板はトラ45000形と同じ厚さ3.2mmの絞り用特殊鋼板で、プレス金型はトラ45000形と共通とし、幅が広い分は周囲の平坦部を広げた。隅柱は軽量化のため板厚６mmに薄くした。

写真6-17
トラ55000形55002
1962年12月日立製作所製で試作車タイプＢ　P：吉岡心平所蔵

写真6-18
トラ55000形55002（開扉）
試作車タイプＢはアオリ戸の開閉を写真のように上開き／下開きの２方式併用とした。
P：吉岡心平所蔵

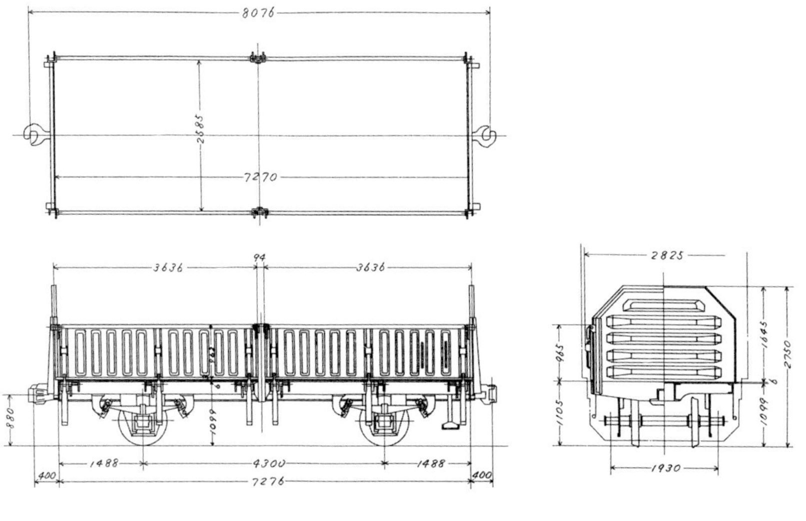

図6-20
トラ55000形（試作車タイプＢ）の形式図
図番はVD06099で作図は1962年９月。

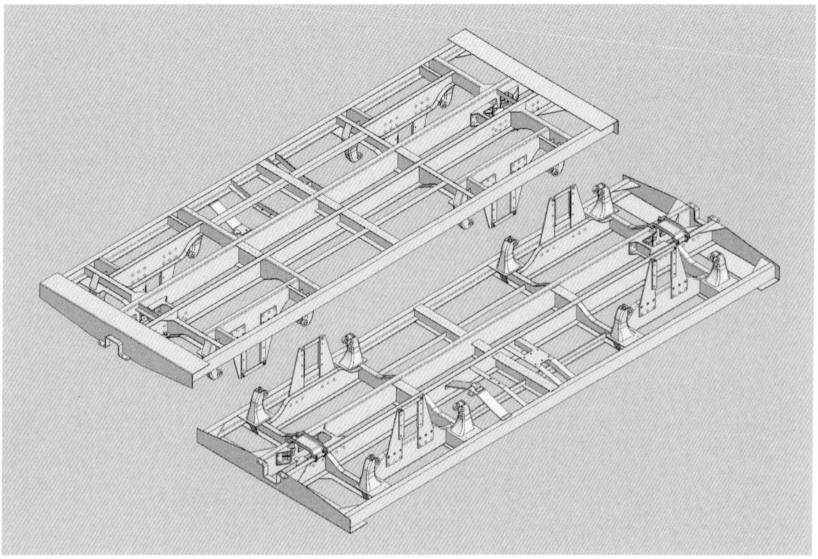

図6-21
トラ55000形（試作車タイプB）の台枠
軽量化のため中梁には300×75断面の軽量形鋼（PFC）を試験的に採用した。　作図：吉岡心平

床板はトラ45000形と同じ厚さ6mmの平鋼板とした。

●下回り

台枠は図6-19に示すトラ45000形のものを改良した新型軽量台枠で、長さは7,276mmと66mm長くなり、軸距は再び4,300mmに戻った。

全体として軽量化に注力した設計で、台枠中梁はタイプA/Bで異なり、タイプAは従来と同じ300×90溝型鋼だが、タイプBは複雑なヒンジの分を軽量化するため、中梁に300×75軽量形鋼を用いて重量を約160kg軽減した。側梁は従来と同じ180×75溝型鋼だが、端梁は板厚6mmに薄くした。

横梁は構造を簡素化し、床板と組合せてばね釣り受の取付部がボックス型となるものに改良した。これらの施策により台枠重量はトラ45000形より約150kg軽くなった。

走り装置は2段リンク式で担いバネは第13種だが、試験的にレム400形試作車と同じイートン断面のバネ板を採用して約100kg重量を軽減し、三菱製の2両はバネ釣り受にプレス成型品を試用した。連結器は軽量の低マンガン鋳鋼製を試用したが、緩衝器は従来と同じRD2形ゴムである。

ブレーキ装置はトラ45000形と同じKC180形空気と片側テコ式の組合せだが、ブレーキ手摺は夜間の視認性を高めるためメラミン焼付により握り部分を白色とした。なお、これがブレーキ手摺を白色に塗装する嚆矢となっている。

●タイプBの特殊ヒンジ

タイプBではアオリ戸の下開きを可能とするため、新規な構造の特殊ヒンジを開発した。図6-22に上ヒンジ、図6-23に下ヒンジの構造を示す。

アオリ戸の上下開きを可能とするには、上下のヒンジピンを個々に着脱する必要がある。タイプBではピンの着脱は上下共に左右スライド式とし、移動する際のガイドは車体側に固定され、スライド時はピンと一体となったハンドルを手動で操作する。なお車体中央の側柱は上ヒンジを固定するため着脱不能となった。

具体的な操作方法は以下の通り。通常の上開きでは、上ヒンジを図6-22の左から右の順に操作し、アオリ戸からピンを抜くことでアオリ戸を開く。

いっぽう下開きの場合は、上ヒンジは操作せずに、下ヒンジのヒンジピンを図6-23に従って抜くことでア

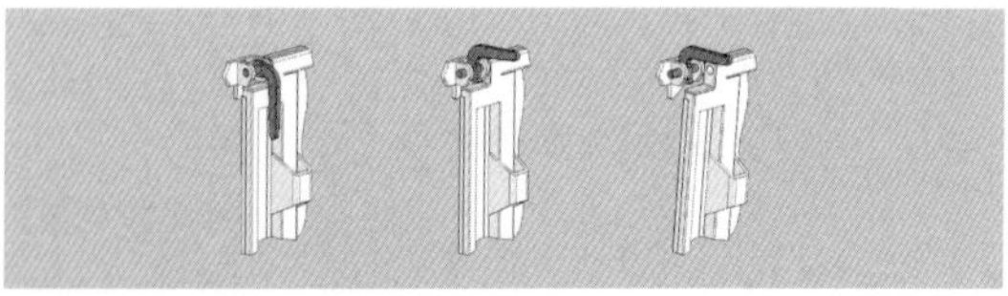

図6-22　試作車タイプBの上ヒンジ
左は通常（ないし下開きでは所謂ヒンジ）状態、中はアオリ戸を上開きするためハンドルを操作しピンを抜いているところ、右はピンを抜いてアオリ戸を上開き状態としたところ。

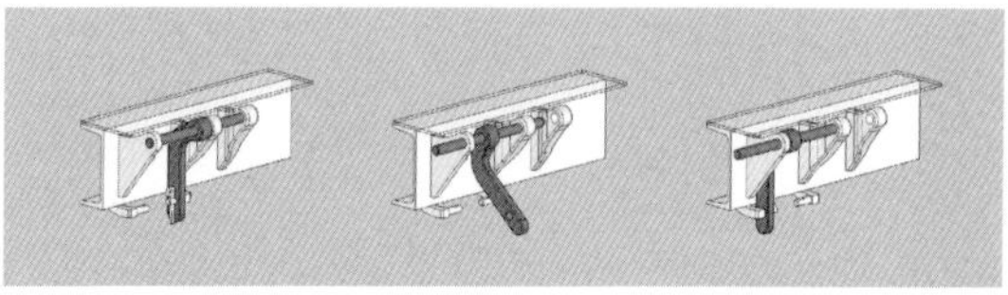

図6-23　試作車タイプBの下ヒンジ
左は通常（アオリ戸上開き）状態、中はアオリ戸を下開きするためハンドルを操作しヒンジピンを抜いているところ、右はピンを抜いてアオリ戸を下開き状態としたところ。

写真6-19
トラ55000形55000(コトラ時代)
珍しい「コトラ」時代の写真。
量産化改造でアオリ戸は量産型と似た形状に改修され、台枠の側面には漏れ止め用の山形鋼が追加された。符号は「コ」を標記したが、「ス」はまだ制定されていない。
P：吉岡心平蔵

写真6-20
トラ55000形55010
1963年6月日立製作所製の量産試作車。
アオリ戸は木製だが、車体のヒンジ位置は鋼製アオリ戸と合わせたため、アオリ戸蝶番板の取付位置はトラ45000形と異なる。
P：吉岡心平蔵

オリ戸下部と車体の縁を切り、上ヒンジを中心としてアオリ戸を回転させる。

●試作車の量産化改造

落成後は各種試験に供試され、その結果は量産車の設計に反映された。1963年には不具合のあった台枠やアオリ戸を量産車に準じた構造に改造した。

従来、コトラの荷重は15/17トンの併記だったが、本形式は後者が18トンとなったため、最初は写真6-17のように無符号であった。その後、符号「コ」を標記しコトラの一員(写真6-19)となったが、量産車の製作により新符号を定めることになり、1963年５月の符号「ス」の制定で晴れて「ストラ」となった。

6.6.2　木製アオリ戸　55010～55069

トラ55000形の量産は1963年５月に開始されたが、最初に製作した200両はアオリ戸が木製の本グループと鋼製アオリ戸の量産形の２種類を競作した。

木製アオリ戸を採用した理由は諸説あるが、おそらく最初の生産分には量産形の鋼製アオリ戸が間に合わなかったためと思われる。

1963年度に55010～55069の60両が日立で製作された。

荷重や基本寸法は試作車と同じとした。問題のアオリ戸は木製５枚側で、木板の形状はトラ45000形と同じだが、長さやヒンジ数と位置は鋼製アオリ戸に合わせた。このままでは側板を固定する蝶番板の間隔が広

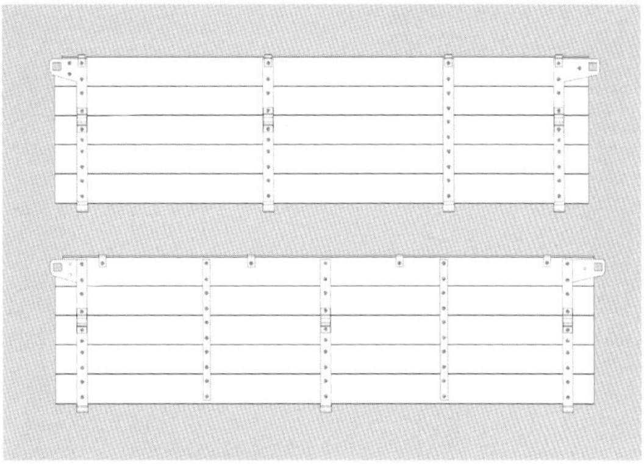

図6-24　トラ55000形(木製アオリ戸)のアオリ戸
上はトラ45000形のアオリ戸、下がトラ55000形のもので、ヒンジの位置と数を鋼製アオリ戸に合わせたため、中間に単独の帯金が追加された。

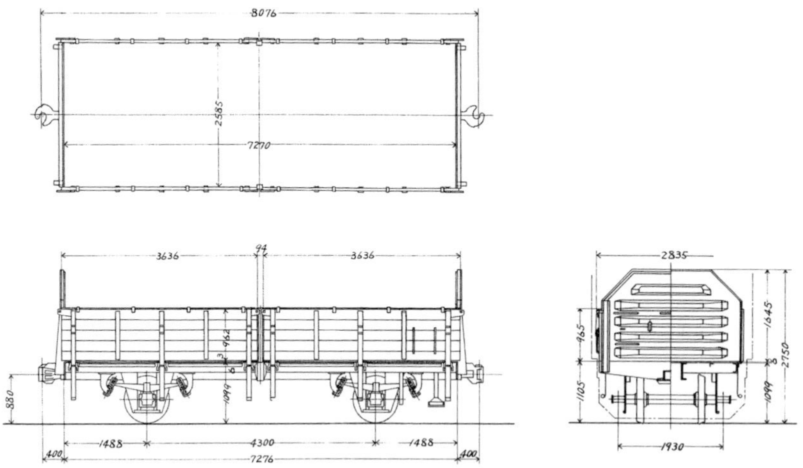

図6-25
トラ55000形(木製アオリ戸)の形式図
図番はVD06026で作図は1962年12月。

くなり過ぎるため、中間に単独の帯金を追加した。この帯金は幅50×厚さ9mmで従来の蝶番板より幅は20mm狭く、厚さも10mm薄い。またアオリ戸上辺の帯金を固定する金具はヒンジ部分に設置されていたが、本形式ではヒンジとは異なる位置に配置した。実際にはボルト穴からの木部割れが多発したため、1969年度の貨車改修会議の決定で他形式と同じヒンジ上端に移設されている。

台枠は後述する前期形と同構造で、トラ45000形で問題となったアオリ戸と床板間から積荷が漏出するのを防ぐため、側梁外面に漏れ止めの山型鋼を溶接した。ヒンジ部の変形対策には台枠内側に補強板を追加した。

装備品は試作車に準ずるが、コスト低減のため担いバネは通常の13種とし、連結器も通常品に戻した。

落成後は鋼製アオリ戸の車両と区別なく使用された。外観からトラ45000形と間違えて「コトラ」と誤標記されることも再三あった。車両寿命の点では鋼製アオリ戸車と遜色無かった模様である。

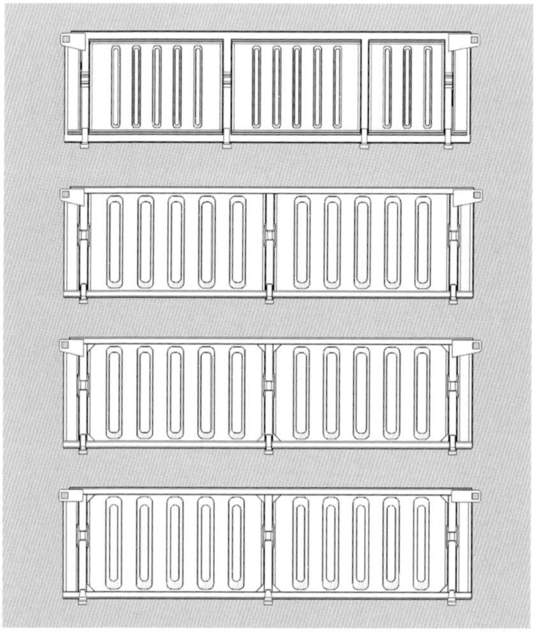

図6-26　トラ55000形(試作車/前期形)の鋼製アオリ戸
上からトラ45000試作、トラ55000試作車落成時、トラ55000試作車量産化後、トラ55000前期形量産車の順。

写真6-21
トラ55000形55100
1968年5月日立製作所製の前期形第一号車。
落成時から符号「ス」が付き、標記板を大型として記号と番号もこの上に記入するようにした。
アオリ戸の凸部が小さくなったように見えるのは周囲は同じままで突起高さを高めたため。
P：吉岡心平所蔵

図6-27
トラ55000形（前期形）の台枠
床面は厚さ６mmの普通鋼板である。　作図：吉岡心平

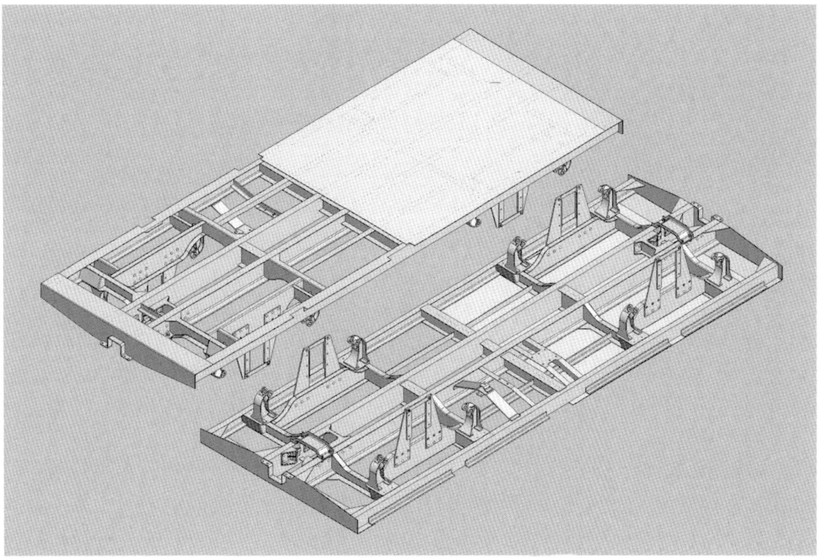

6.6.3　前期形　55100 ～ 56739

1963～1964年度の量産車のうち鋼製アオリ戸を装備した車両で、55100～56739の1,640両が貨車メーカー２社で製作された。

荷重と車体寸法は試作車タイプＡと同一で、アオリ戸／妻構／床板は全て鋼製である。また落成時から符号「ス」を標記した。

車体では、アオリ戸はプレス金型を縦縞部分を高く（15→18mm）したものに変更し、左右両端の留金やヒンジは量産に適した形状とした。

木製アオリ戸では木材積載時の支柱はアオリ戸に釘打ちで固定していたが、鋼製アオリ戸ではこれが出来ないため、支柱立てとする金属製角環（80mm角）をアオリ戸１枚につき６個（＝上下２箇所×３列）を設置した。なお同様の角環はその後製作されたトラ70000、トキ25000形も装備したが、保守に手間がかかる割に使用頻度が少ないとして1969年以降は廃止され、在来車も後年撤去されている。

妻構と床板は試作車と変わらない。

台枠は図6-27に示すように、床板の張出し部と側梁の間に65×65山型鋼の漏れ止めを追加した。

装備品は木製アオリ戸車と同じで、担いバネは通常の13種、連結器は通常の柴田式上作用である。

落成後の後天的改造としては、後期形に倣ってアオリ戸に補助ヒンジを追加した。また620両は重整備を施行して24ページに示す「前期形更新車（6.6.5）」に改造された。

6.6.4　後期形　56740 ～ 58239

前期形の使用成績に基づいてアオリ戸と床板を改良したもので、1965～1966年度に貨車メーカー８社で56740～58239の1,500両が製作された。

写真6-22
トラ55000形56844
1965年６月汽車東京製の後期形。
アオリ戸下部に補助ヒンジが付いた。
Ｐ：吉岡心平所蔵

写真6-23
トラ55000形57615
三菱製の例。ばね釣り受は通常の鋳鋼品ではなく、三菱独特の板金溶接品を装備している。また、疲弊した上回りにも注目のこと。
1974.8　飾磨港　P：吉岡心平

前期形を運用してみると、本形式の鋼製アオリ戸は側板の膨出と周囲枠の変形が著しく、なかでも下枠の張出しによる輸送中の積荷漏洩が多発した。これには容積を増やす苦肉の策としてアオリ戸を極力外側に配置したことからアオリ戸が床板を隠す寸法を約半分に減らしたことも影響していた。

この対策として後期形では従来のヒンジ間に補助ヒンジを追加してヒンジ数を5個に増やした。ヒンジを増すとアオリ戸変形時の開扉がより困難となるが、これを防止するため、補助ヒンジは従来より小型とし、ピンとヒンジ穴間には約5mmのガタを設けた。

床板には鋼製床無蓋車で初めて転動防止用の埋木を設置した。埋木は長さ340×幅150×厚さ100mmで通常の床板より厚く、配置は図6-28に示す8箇所で、台枠と干渉しない場所を選んで床板に弁当箱形の収納部を設置し、その中に埋木を納めカスガイボルトで固定した。従って埋木と台枠とは直接固定されていないことになる。

台枠と装備品は前期形と変らないが、三菱が製作した57375～57674の300両は写真6-23のようにばね釣り受として同社独特の板金溶接品を使用した。

6.6.5　前期形更新車

期待の18トン車として登場したトラ55000形だったが、保守面では期待を大きく裏切る結果となった。

下の写真6-24をご覧頂きたい。妻板下部の腐食はアオリ戸の変形と共に本形式の弱点で、主に積荷の硫黄分から生じた硫酸や塩分が床板と妻板の溶接部や変形による凹部に溜まることが原因であった。

このため前期形の状態不良車は、落成から僅か10年ほどで3回目の全般検査を施行せずに廃車することになり、1973年から本格的な淘汰が始まった。いっぽう一部の車両は延命のため大規模な整備を施すことになり、1970～1972年度に国鉄工場で620両を改造したのが前期形更新車である。なお改造車の番号による区別は行われていない。

改造では車両全体を整備し、状態不良のアオリ戸は

写真6-24
トラ55000形57504他
トラ55000形の典型的な劣化例を示す。
落成から僅か7年しか経過していないのに、妻板と床板の接合部には腐食による大穴が開き、アオリ戸は枠組みが変形し、側板も外側に大きく張り出している。
1973.9　安治川口　P：吉岡心平

図6-28
トラ55000形(後期形)の台枠

我が国の鋼製床無蓋車で初めて転動防止用の埋木を設置したが、見て判るようにあまりにも小型で、使用実績は芳しくなかったようだ。　作図：吉岡心平

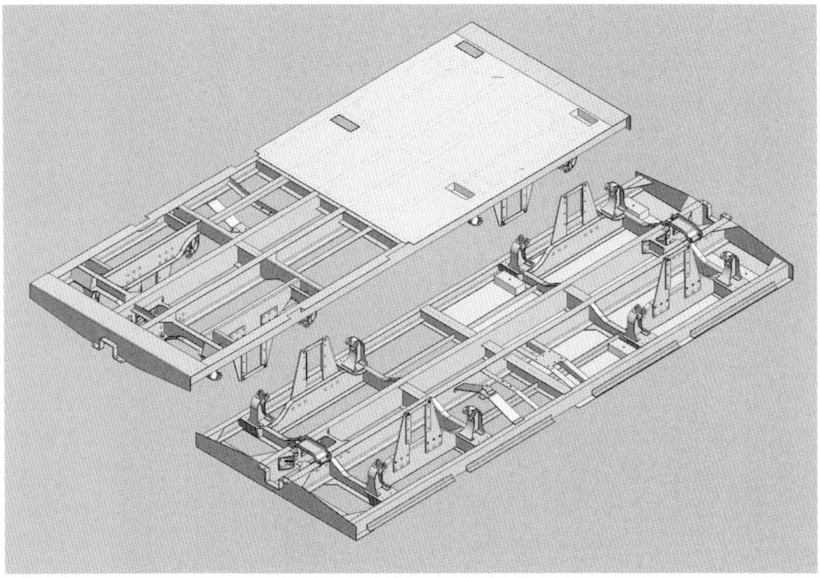

図6-29
トラ55000形(前期形更新車)の台枠枠

後付けで埋木を追加した割には面積は広いが、台枠と干渉するため車端寄に設置出来なかったのは残念。　作図：吉岡心平

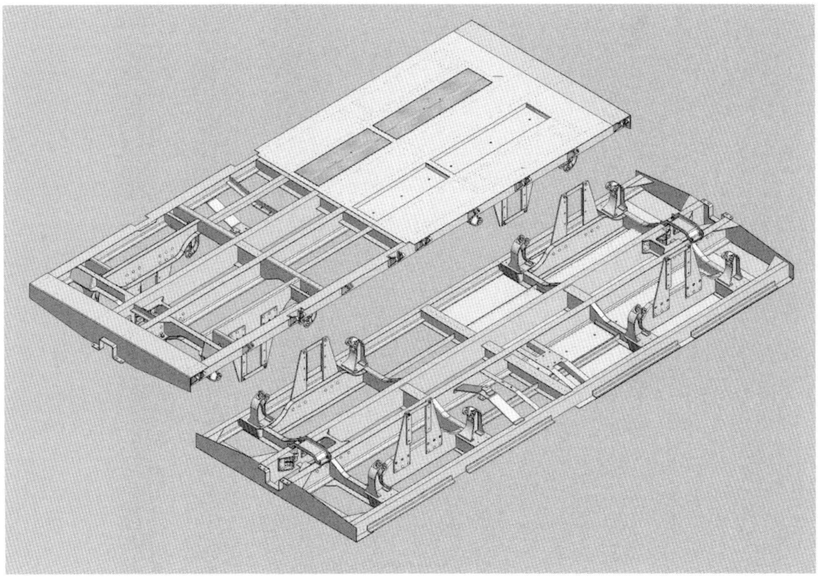

写真6-25
トラ55000形55144

前期形更新車と推定される車両で、本形式で1982年度に全検を受けた車両は珍しい。

側面のアオリ戸は枠組みに耐候性高張力鋼を用いた強化形に交換されたため、歪みが少ないように見える。

1984.9　東新潟港　P：吉岡心平

上下枠を耐候性高張力鋼製とした強度向上品に交換、補助ヒンジが無い車両にはこれを取り付けた。

床面には図6-29に示す埋木を追加した。床板の台枠と干渉しない場所に収納部を設けた点は後期形と同じだが、埋木を大きくしてトラ70000形後期形（本書28ページ）で好評だった車長方向に配置した。なお埋木の厚さは60mmと前期形より薄くなっている。

6.6.6　改良アオリ戸　57297,57964

鋼製アオリ戸の保守は本形式の弱点であった。そこで1973年度の技術課題「貨車のメンテナンスフリー化の研究」で保守性を向上したアオリ戸を試作し、現車で評価することにした。

試作した改良アオリ戸は一両分４枚で、1974年６月国鉄長野工場でトラ57297と57964の２両に各２枚ずつ装備した。種車はいずれも1966年製の後期形で補助ヒンジ付である。試験車を２両としたのは同一車体内で従来のアオリ戸と比較するためで、改良型の装備位置はトラ57297は２位（側ブレーキのある）側２枚、トラ57964は前位寄左右各１枚とした。

試作したアオリ戸を図6-30に示す。従来のアオリ戸は側板をプレス加工して強度を負担させたが、改良型ではこれを止め、周囲枠を強化してその分を負担させる構造とした。このため周囲枠は板厚を4.5mmに増加、更に縦柱も２本増しの３本とし、側板は角錘形に成型して応力を四辺で受けるようにした。その他の部分は従来のアオリ戸２枚を含め、すべて改造前と同一である。

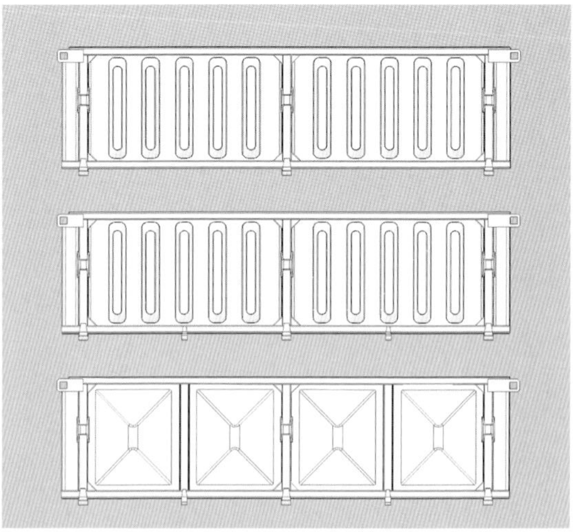

図6-30　トラ55000形の改良形アオリ戸
上からトラ55000前期形、中はトラ55000後期形で補助ヒンジが付き、下が改良型アオリ戸で、縦柱を２本増やして全体を４分割した領域に、プレス成型で四角錐形の凸部を設けた。

落成した試作車は荷重負荷や積載試験に供試された。更にアオリ戸の変形は機械荷役が原因の一つと考えられたため、初めてショベルフォークを用いた積込、取卸し試験を実施した。長期試験では２両共に今庄駅に常備され、今庄～富山地方鉄道間で運用された。

試験結果は初期・長期共に従来品より良好で、変形防止には枠組みを強化し、側板は保守の容易な形状とすることが保守面で有効なことを立証した。

この結果は、1975年製のトキ25000形（29400～29499）や、JR貨物が実施したトラ70000形とトキ25000形の更新アオリ戸に活用されている。

●その後

保守ではさまざまな課題を残した本形式だったが、鉱石などのばら積輸送には18トン積の威力を発揮し、特定用途で賞用された。本格的な廃車は1974年度から始まり1982年度以降は急減、59-2改正後は特定駅に配置されたが、1986年度に形式消滅した。

写真6-26
トラ55000形57297
改良アオリ戸を装備した２両中の1両。　P：吉岡心平所蔵

6.7 トラ70000形

●誕生の経緯

２軸無蓋車の「トラ」は車体長さで３系列に分類される。このうち最も長い「長トラ」系は1941年製のトラ5000形（上巻38ページ）が嚆矢で、1957年度までにトラ6000、30000形（本書７ページ）と合せて約8,500両製作されたが、これ以降は車体長さがトム並の「コトラ」系が、車体長当りの積載効率に優れるため主流となった。

ところが1960年代に入ると戦前製トラの老朽廃車が急増したため、久々に「長トラ」を増備することになり、誕生したのがトラ70000形である。

●仕様

設計のコンセプトは、当時製作していたトラ55000形（本書18ページ）の構造はそのままで、車体寸法をトラ30000形並に改めたものである。

またトラ55000形は新車両限界を採用したため私鉄線の入線が制限されるが、本形式は私鉄への乗入れを考慮したことから、最初から旧限界を採用した。

これにより仕様は荷重17トンで車体内寸は長さ8,650×幅2,450×あおり戸高さ800mm、床面積21.2m^{2}と、トラ30000形と全く同じとなっている。

6.7.1 前期形　70000～74649

1967～1969年度製のトラ70000～74649の4,650両で、トキ25000形中期形（本書44ページ）と並行して製作されたため、両者には各部の材質や構造で共通点が多い。

表6-7　トラ70000形の両数変遷

形式	年度末両数														
	1967	1968	1969～73	1974～5	1976	1977	1978	1979	1980	1981	1982	1983	1984	1985	1986	1987
トラ70000	3300	4649	5098	5095	5094	5092	5085	5080	5073	5056	4975	2739	2404	1918	401	→JR

写真6-27
トラ70000形70627
1967年９月協三工業製の前期形。
トラ55000形での経験により、最初からアオリ戸には補助ヒンジ、床板には転動防止用の埋木を装備した。　　P：吉岡心平所蔵

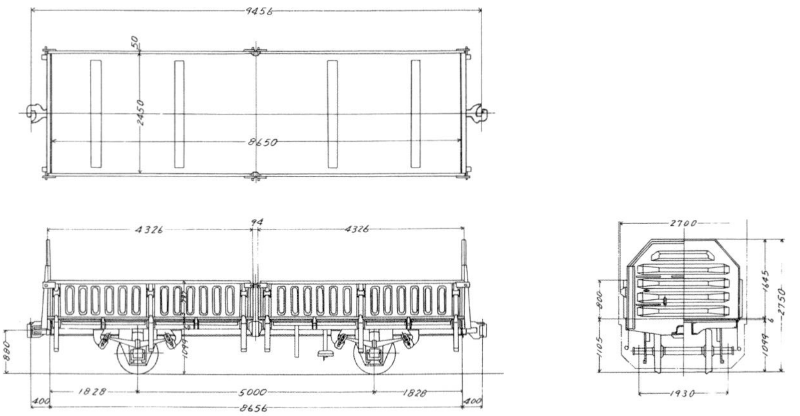

図6-31
トラ70000形（前期形）の台枠
図番はFD0628で作図は1967年２月。

●上回り

アオリ戸の側板は板厚3.2mmの耐候性高張力鋼製で、寸法はトラ55000形より690mm長く165mm低くなった。このため縦縞形の凸部は２本増えて12本となり、成形用のプレス型は新型である。周囲の枠組と柱は普通鋼製だが上枠には耐候性高張力鋼を用い、隅金やヒンジ構造は全てトラ55000形と同じとした。

妻構もトラ55000形に酷似するが、旧車輌限界を採用したため幅は2,450mmと135mm狭くなった。妻板は板厚3.2mmの耐候性高張力鋼でプレス型はトラ55000形と共通とし、周囲の枠組と柱の構造も同様とした。

床板は板厚６mmの耐候性高張力鋼製で、転動防止用の埋木として長さ2,200×幅200×厚さ60mmの米松を車幅方向に４本配置した。同時に製作したトキ25000形中期形では中梁の左右で埋木を二分割したが、本形式では台枠構造を工夫して幅方向一体の埋木とした。

●下回り

台枠は図6-32に示すようにトラ55000形と同じ新型軽量台枠（詳細はトラ40000形を参照／本書11ページ）だが、車体長さが8,656mmと長いため軸距は5,000mmに延長された。

前期形の転動防止装置は収納部が台枠中梁と干渉するため、中梁をトラ55000形の300×90断面からトラ30000形と同じ250×90溝型鋼に変更し、中梁と転動防止装置とが立体的に交差する構造とした。このため転動防止装置のない部分は、中梁上に床板を支える鋼板を成型した厚さ60mmのスペーサを追加した。

走り装置は通常の２段リンク式で、ばね釣り受や軸箱守はトラ55000形と同じ部品とした。

装備品は当時の標準品揃いで連結器は並形上作用とRD2形ゴム緩衝器、空気ブレーキはKC180形、留置ブレーキは両側テコ式、担いバネは13種で輪軸は基本12トン長軸であった。

トラ70000形が属する「長トラ」は長尺物に適した貨車として木材輸送に多用されるが、鋼製アオリ戸では材木の積付に用いる木柱の釘打ちが出来なくなった。そこでトラ70000形では「木柱支え」としてアオリ戸内面に120mm角の鋼製角環（アオリ戸当り４列×上下２箇所）を取付けた。ところが華奢な構造のため破損が多発、1969年度の貨車改修会議でこれ以降の新製車には取付けず、既存車も保守を中止することになり、結局短命に終っている。

6.7.2　後期形　74650 ～ 75099

前期形の使用結果では、車長方向の任意位置で釘打ち出来る転動防止装置を求める意見が多かった。

これに即した改良を施したのが後期形で、1969年度にトラ74650～75099の450両が貨車メーカー３社で製作された。なおトキ25000形後期形（本書45ページ）と同時期の製作である。

●上回り

車体のうち、床板と転動防止装置以外の部分は前期形と同一とした。

転動防止装置は前期形から配置を一変させ、車幅方

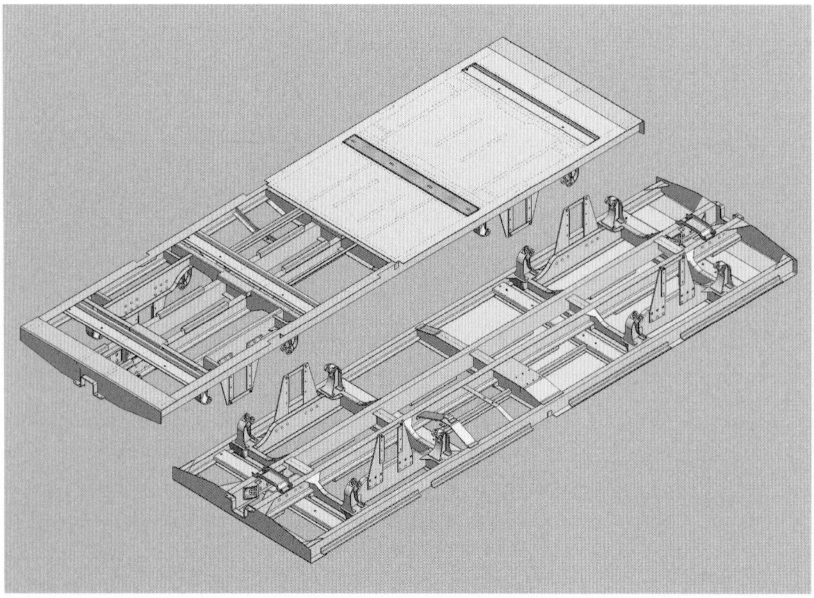

図6-32
トラ70000形（前期形）の台枠
転動防止用の埋木を車幅方向に４本配置したため、これと干渉する台枠中梁はトラ55000形より高さが低くなっている。
作図：吉岡心平

写真6-28
トラ70000形74849
後期形だが、外観では前期形と区別がつかない。
1982.1　越中島　P：吉岡心平

図6-33
トラ70000形(後期形)の形式図
図番はFD0695で作図は1968年12月。

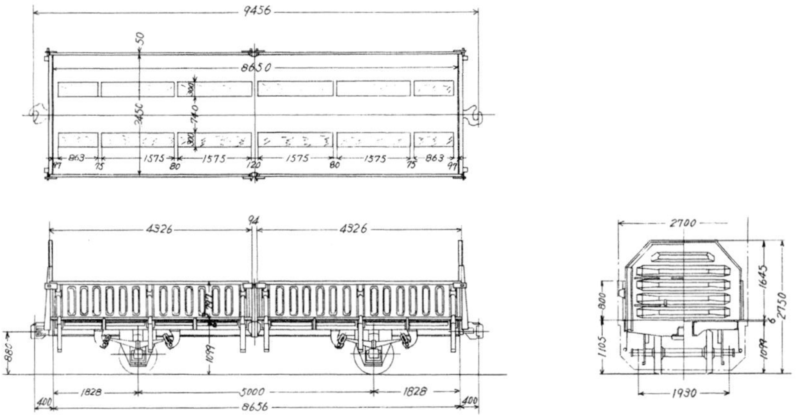

向４列から車長方向の車体全長に亘る２列とした。

床板は前期形と同じ板厚６mmの耐候性高張力鋼板だが、転動防止装置があるため幅560mmの左右と幅710mmの中央に３分割されている。埋木は幅300×厚さ90mmと広く厚くなり、床面全体に占める埋木部分の比率は前期形の8.3％から後期形では22.6％に増加し、転動防止の際の自由度が大幅に増加した。

●下回り

図6-34に後期形の台枠を示す。前期形では転動防止

図6-34
トラ70000形(後期形)の台枠
転動防止用の埋木は、配置を車体全長に亘って車長方向に２本並べるように変更した。これに伴い、従来の荷受梁は廃止されている。　作図：吉岡心平

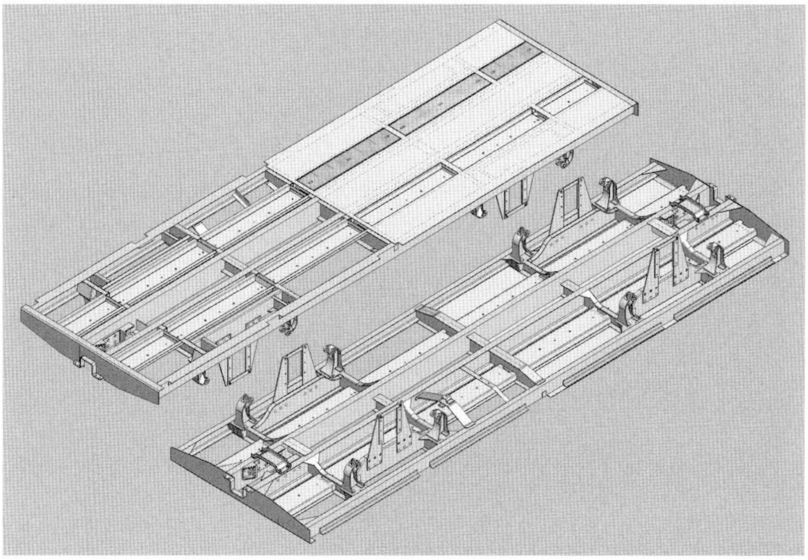

装置を車幅方向に配置したため、台枠中梁と干渉することから、中梁を250×90溝型鋼とその上に載せた厚さ60mmの板曲げスペーサで構成した。

いっぽう後期形では転動防止装置の配置を車長方向に変更したためこの制約が無くなり、中梁はトラ55000形（本書18ページ）と同じ300×90溝型鋼に戻した。

また前期形では転動防止装置の埋木受から出た雨水が側梁にかかり腐食を助長したことから、後期形では埋木の底面に排水用の溝を新設し、雨水は埋木受の排水孔から下に流すようにした。

走り装置や装備品は全て前期形と同一である。

このように転動防止装置を大型にした後期形は、我が国２軸無蓋車の掉尾を飾るグループとなったが、両数が僅か450両と少ないこともあり、実際には前期形と混用されたようである。

●その後

JR各社には貨物に381、北海道１、東日本５、西日本４、四国１、九州９の401両が承継された。

JR貨物では1989～1990年度に保留車67両を復活させて戦列に加えたが、同社では2003年度に形式消滅し、旅客会社の承継車も2018年度に消滅した。

6.7.3　アオリ戸更新車

JR貨物では、全般検査の際にアオリ戸が劣化した車両は、図6-35に示すトキ25000形の構造を取り入れた平板アオリ戸と交換した。

施行区所は新小岩と名古屋があるが、両者はアオリ戸にある運転標記板の位置が異なっている。

残念ながら施行両数は不明である。

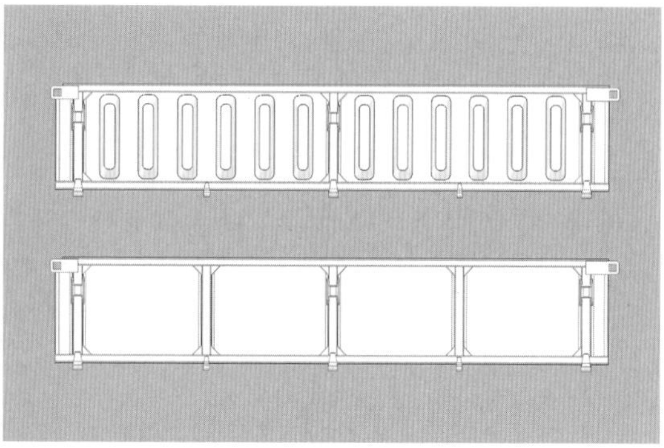

図6-35　トラ70000形（アオリ戸更新車）のアオリ戸
トキ25000形の設計を取り入れた設計である。

写真6-29
トラ70000形73134
1990年２月にJR貨物新小岩車両所でアオリ戸更新を受けた車両。
写真の車両は横浜本牧～渋川間の工業塩輸送に使用されていた。
1990.4　横浜本牧　P：吉岡心平

写真6-30
トラ70000形73279
1990年５月JR貨物名古屋車両所でアオリ戸を更新した。
新小岩の改造車とは運転標記板の位置が異なる。
1995.8　横浜本牧　P：吉岡心平

7．トサ

「トサ」は荷重20トン以上24トン以下の無蓋車で、国鉄には上巻表1-7に示す４形式が在籍した。本書ではこのうち制式１形式を解説する。

7.1　トサ１^{初代}（ト23700^{M44}）形

●誕生の経緯

大正時代に行われた「増トン工事」で、常磐炭輸送用の大型無蓋車としてト21600^{M44}（後のトム１）形15トン車を国鉄工場で24トン積に改造したもの。

1918年度に20両、1920年度に30両の計50両が大宮工場で改造された。

荷重は大24/小24/石炭24トンで容積は27.3～30.1m^3であった。

●改造内容

改造で上回りは種車の車体を約800mm（５枚側分）嵩上げして容積を増した。妻構の上辺形状はトムと同様に山形のものと、平坦のものの２種類がある。また側面の観音開き戸は種車と同位置のものと、嵩上げ部分に移設したものの２種あり、これらの組合せで形式図に示す３タイプがある。

下回りは車体中央に車軸を１軸増設して３軸車とした。

●タイプA　1～40

妻構上辺が山形で、側扉位置とアオリ戸が従来通りのもの。前後のアオリ戸はトム5000形と同じ下３枚開きに拡大した。1918年度では23700～23709の10両がこのタイプである。試用の結果、このタイプが最良だったようで、1920年度の改造車30両は全てタイプとなり、「大改番」ではトサ1～40にまとめられている。

●タイプB　41～45

タイプAの妻構上辺を平坦としたもので、容積がその分少ない。1918年度の改造車では23710～23714がこのタイプで、「大改番」ではトサ41～45となった。

●タイプC　46～50

タイプAの側扉を嵩上部に移設し、また前後のアオリ戸を下４枚開きに拡大したもの。1918年度の改造車では23715～23719が相当し、「大改番」ではトサ46～50となった。

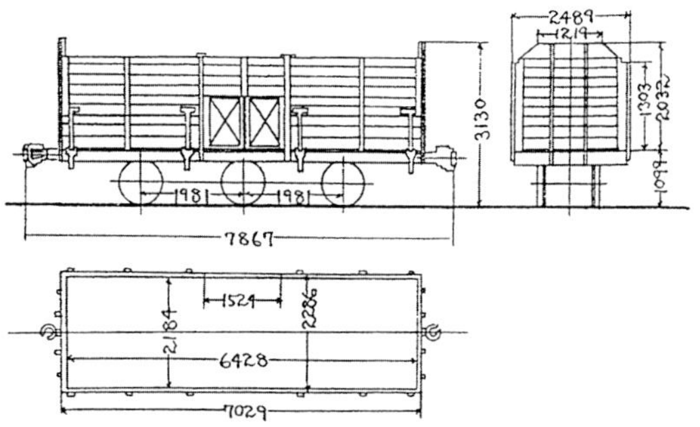

図7-1　トサ1形1～40（タイプA）の形式図
貨車形式図1929年版

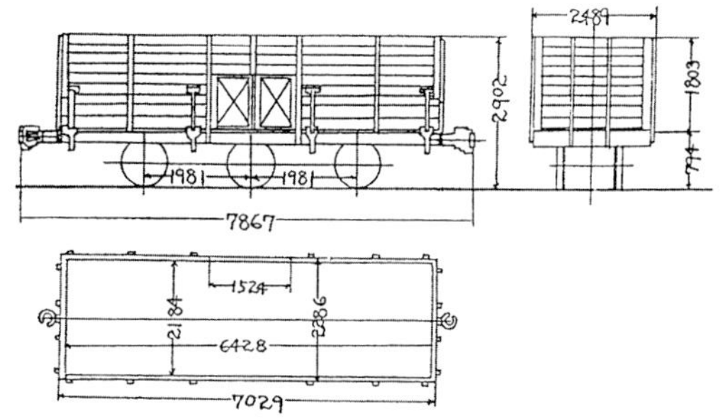

図7-2　トサ1形41～45（タイプB）の形式図
貨車形式図1929年版

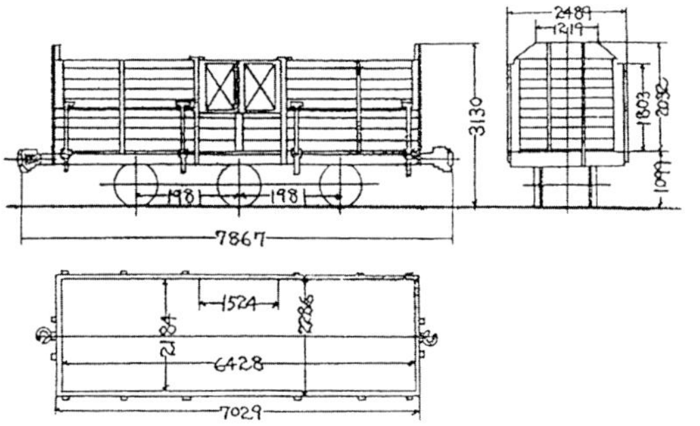

図7-3　トサ1形46～50（タイプC）の形式図
貨車形式図1929年版

●その後

トキ900形と同じ「長く出来なきゃ高くする」増積思想を具現化した貨車だったが、どう見ても無理のある設計で、改造から11～13年を経た1931年度に50両全車が再び改造を受けてトム1形に復元（但し番号は旧番号に戻さず新番号の2050～2099を付与）され、形式消滅した。

８．トキ

「トキ」は荷重25トン以上の無蓋車で、国鉄には延べ20形式が在籍した。本書ではこのうち継承１形式と制式５形式を解説する。

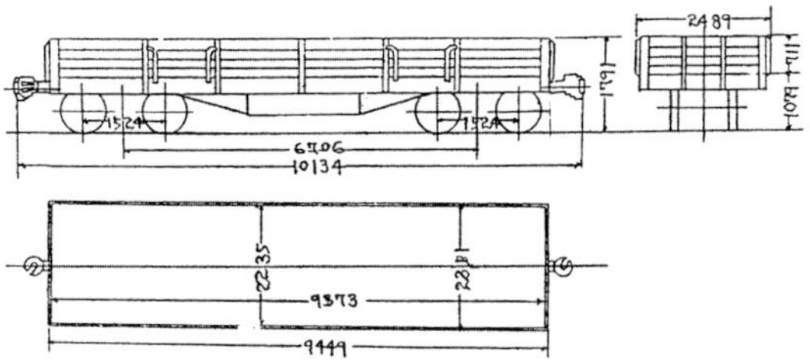

図8-1　トキ1形の形式図　　貨車形式図1929年版

8.1　トキ１（オト6199$^{\mathrm{M44}}$）形

鉄道国有化後の1909年に５両製作された25トン積ボギー無蓋車。落成時の番号は官鉄ムボ1001～1005で、1914年の称号改正でオト6199$^{\mathrm{M44}}$形となり、1928年の「大改番」でトキ１形となった。

製作当時としては破格の大型車で、何故製作されたかは不明だが、落成からしばらくは現在の大物車的な位置づけで使用された。

荷重は大25/小16/石炭25トン、容積は14.9m^3で、車体の内法寸法は長さ9,373×幅2,235×側面高さ711mmであった。

全体の構造は当時のト17955$^{\mathrm{M44}}$形無蓋車を２両縦に繋げて大きさをトの約1.8倍にしたもので、車体は木製４枚側で前後２箇所に部分アオリ戸を持ち、長さは9,449mm（＝31ft）として幅はトキが２in広く、側板高さはトと同じ（高さ７in×４枚）である。

台枠はトラス棒式でトラス棒は車体内側に２本あり、ボギーセンター間距離は6,706mm（＝22ft）であった。

台車は軸距1,524mm（＝5ft）の菱枠台車で、オトチ6490$^{\mathrm{M44}}$（後のシキ１^{初代}）形やオテワ1450$^{\mathrm{M44}}$（テキ1^{初代}）形も用い、後にTR15形に類別された。

連結器は連環式から後天的改造で自動連結器となったが、空気ブレーキは貫通ブレーキ管の取付のみで、ブレーキシリンダは装備せずに終わった。

落成後は小野浜（後の神戸港）や海舞鶴に配置され、晩年は木材輸送に使用されたが、1949年度に形式消滅した。

表8-1　トキ１形の両数変遷

形式	年度末両数			
	1928～32	1933～47	1948	1949
トキ１	5	4	1	0

写真8-1
トキ１形３
背景から小野浜駅で撮影されたものと思われる。
Ｐ：阿部貴幸所蔵

8.2　トキ 10 形

●誕生の経緯

太平洋戦争による戦時貨物の増加に対応すべく、我が国初の量産形ボギー無蓋車として開発された。

●車歴

予算上は1942年度に10～159の150両が計画されたが、落成したのは1943年度である。

●仕様

チキ1000形ボギー長物車を基本とした設計で、荷重や車体長さはこれに準拠し、荷重35/石炭30トン、車体内寸は長さ12,700mm×幅2,500×アオリ戸高さ965mm、床面積31.8m^2、容積73.2m^3とした。

●上回り

トラ20000形の車体２両分を縦に結合したような構造で、側面は木製５枚側の煽り戸４枚から構成されていた。アオリ戸は長さ3,130×高さ965mmで部材寸法はトラ20000形と同じ190×50断面である。妻構もトラ20000形と同形状である。なお本形式は製造時からアオリ戸と妻構を取外すと長物車代用になるよう設計されていた。なお戦中期の製作だが、トラ6000形の戦時形（上巻41ページ）と異なり形鋼によるプレス部品の代用や、アオリ戸ボルトの削減は行なわれていない。

●下回り

台枠は図8-3に示す通り、チキ3000形ボギー長物車と酷似した設計だが、設計はトキが先行し、台枠幅を狭めたものをチキの台枠にしたようだ。

構造は初めて溶接台枠を採用したチキ800形の台枠を基本とし、魚腹形の中梁は左右２本あり、梁の上下には250×90溝型鋼を切断して用い、その間は厚さ９mmの鋼板を溶接、応力の集中する下面には幅120×厚さ12mmの鋼板を溶接して強化した。これを２本合わせて上面に幅650mmの鋼板を鋲接して中梁とした。側梁はチキと同じ200×90溝型鋼、横梁数は５本でチキより１本多いが、これはアオリ戸間の側柱に合わせて横梁を配置したためである。中梁／側梁と横梁との組立は横梁に長穴を開けてその中を左右の横梁を繋ぐ補強板を通した設計で、これはチキ1000形以来となる我が国チキの伝統工法であった。

装備品では、連結器は長物車としての使用を考慮したため並型下作用、緩衝器は丙種引張摩擦式であった。台車は菱枠式のTR20形だが、輪軸には本形式のために開発した基本12トン短軸を使用した。空気ブレーキはKC254形、留置ブレーキは片側テコ式であった。

●その後

戦争中は長尺物の輸送を優先するため、石炭を積載しないよう通達されていた。1945年度末では149両があり、戦後は弟分のトキ15000形と混用されたが、戦中期の製作のため劣化が著しく、1970年度に形式消滅した。

表8-2　トキ10形の両数変遷

形式	年度末両数																
	1943～4	1945	1946～7	1948～9	1950～7	1958	1959	1960	1961	1962	1963	1964	1965	1966	1967	1968	1969	1970
トキ10	150	149	145	146	141	139	137	135	123	107	86	62	44	25	7	4	1	0

写真8-2　トキ10形141
台車を除けば、トキ15000形と見分けがつかない。連結器がチキと同じ下作用式なのに注意されたい。　P：鈴木靖人

図8-2
トキ10形の形式図
図番はVD0697で作図は1942年8月。

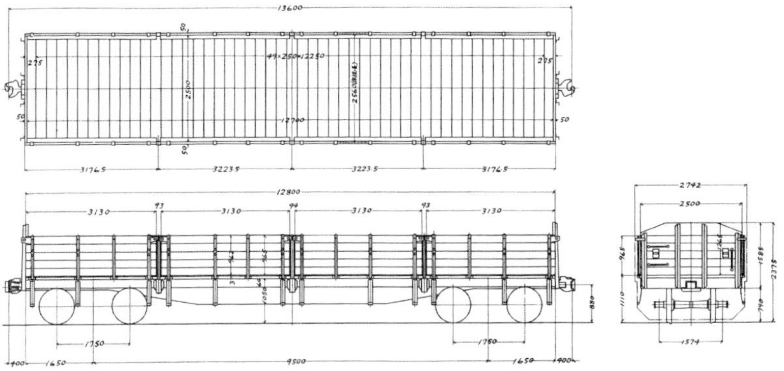

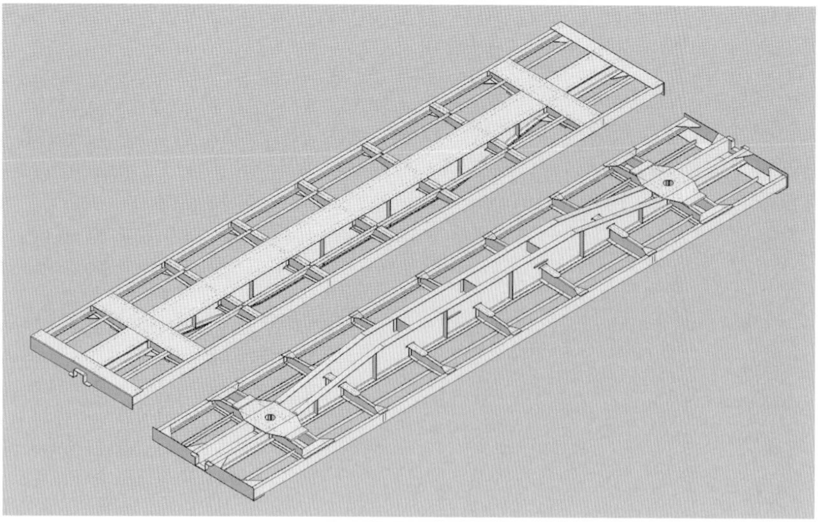

図8-3
トキ10形の台枠
チキ3000形と比較すると台枠幅が広く、端梁の構造が異なる。
作図：吉岡心平

8.3　トキ 66000 形

●誕生の経緯

戦時輸送力強化の一環として、トラ6000形17トン積２軸無蓋車（上巻40ページ）を荷重28トンの３軸無蓋車に改造したものである。

●車歴

1943年５月から1945年３月にかけて国鉄工場で476両を改造した。

表8-3　トキ66000形の両数変遷

形式	年度末両数								
	1943	1944	1945	1946	1947	1948	1949	1950〜3	1954
トキ66000	187	476	474	464	462	447	443	1	0

●仕様

資材／工数の制約からトラの車体の長さと幅はそのまま据え置き、高さだけを嵩上げすることにした。

荷重は28/石炭28トンとした。これは総重量は規程から39.6トンが上限で、自重を車軸追加による増分を含め11.6トン以下に納めたことによる。

車体の嵩上げ寸法は640mmで、荷重増11トン分に必要な容積13.5m^{3}をトラ6000形の床面積21m^{2}で除して求めた。

●上回り

改造ではトラの車体上に高さ640mm（160×50断面の４段）の側／妻板を増設した。これを支持するため車体中央の側柱は上に延長し、その前後に４本の固定式側柱をアオリ戸の内側に追加した。増設した側板の中央４箇所はトム16000形（上巻２ページ）様の差込式として開閉可能としたが、構造に無理があり強度上の弱点となった。妻板上部の山形部は従来のものを移設し、妻柱は従来のものを山型鋼で延長した。

アオリ戸は改造前と同じだが、荷重増を考慮して内

写真8-3
トキ66000形66325
1941年９月日車支店で製作されたトラ6325を1943年５月国鉄苗穂工場で改造した車両で、11工場で先行改造した中の１両である。
P：阿部貴幸所蔵

図8-4
トキ66000形の形式図
図番はVD0708で、作図は1943年半ばと推定される。

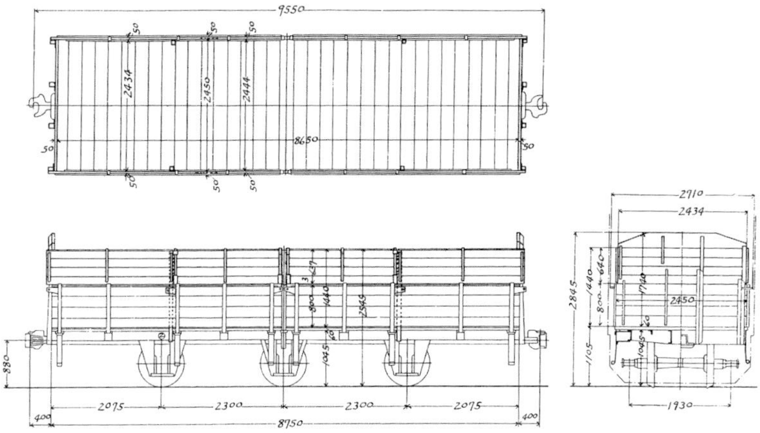

側に増設した側柱とも緊締するようにした。

●下廻り

台枠は中央に基本12トン長軸を1本追加し、車軸と干渉するトラの中央横梁は撤去、前後に横梁を2本追加した。走り装置は前後軸は従来のままで、新設した中間軸はチサ100形3軸長物車で実績のある長リンク式とした。担いバネは種車と同じ第6種だが、中央軸はハンプ通過時の負担軽減のため、バネ反り量を23mm減らした特殊品とした。名称は「基本第6種の甲」で、バネの表示も「六」を丸で囲んで区別した。

空気ブレーキ装置は荷重増に対応して、一回り大型のKD203形を中央軸の前後に配置した。

●その後

1945年度末では474両があったが、何分無理のある構造のため、1950年度の保守復元工事でトラに戻すことになり、国鉄工場で442両が改造前の番号に復元された。戦時形を改造したトキ69520以降は上巻42ページで述べたように改造前の10000番代には戻さず、トラ9520以降に改番した。

改造では増設部分を撤去し、側柱も元に戻したが側梁には支持梁の跡が残った。下廻りは中央軸と走り装置を撤去したが、ブレーキはKD203形のままとした。

トラ6000形に戻ってからは一般車と混用され、一部はヨンサントウの延命工事で2段リンク付となった。㋺車のトラ16000形として残った車両もあったようである。

写真8-4
トラ6000形6189
トキ66000形復元車の例で、1942年1月汽車東京でトラ6189として誕生し、1945年3月国鉄長野工場でトキ66189に改造、そして1950年8月国鉄松任工場で復元された。
台枠には軸箱の真上付近にトキ時代の支柱支持梁を切断した跡が見える。　P：吉岡心平所蔵

8.4　トキ900形

●誕生の経緯

D52形蒸機、EF13形電機と共に決戦型と称される車両で、限界以上の資材節約を目標に、これまでの常識と尤度を見直した無蓋車で、石炭輸送の海陸転換を推進するため、石炭の積載に最適化した設計とした。

●仕様

荷重は石炭30トンの満載を目標とした。本来であれば3軸車は自重が10.5トン以下に制限されるが、本形式では戦時増積の考え方で11トンまで緩和した。

車体内寸で長さはトラ6000形と同じ8,650mm、幅は50mm拡大して2,500mmとした。

高さは九州地区の石炭積込設備に入線するため、石炭車縮小限界の制限高さ3,048mmから2,950mmとし、容積49.7m^{3}を確保した。

8.4.1　試作車　900～902

構造決定のための先行試作車で、唯一1942年度に計画され、1943年初めに国鉄大宮工場で完成した。

荷重や容積は3両同一で、5枚側のアオリ戸上に3枚側の側板を載せた点は共通だが、アオリ戸は900が前後2分割、901と902は前中後3分割で、細部は全車異なっていた。各種の試験に供試された後、最後に行われた載荷での打当て試験で破壊された。

車籍上は1943年11月に復活したが、破壊された試験車を修繕したのか、量産車を二代目として製作したのかは謎である。

8.4.2　量産形　903…13448

●車歴

1943年9月から敗戦後の1946年3月迄に903…13448の8,206両(欠番多数)が貨車メーカー各社と国鉄工場で製作された。4,000両超の欠番は、計画年度と製造所毎に番号を割当てたが、製作出来なかった車両が多いため。この後に2車現存の改番車と戦災復旧車があるため、最終番号は13458である。

なお、詳細な年度別製造番号表は拙著『3軸貨車の誕生と終焉』(RMライブラリー9巻)に掲載しているので、お持ちの方は参照頂きたい。

表8-4　トキ900形の両数変遷

形式	年度末両数														
	1943	1944	1945	1946	1947	1948	1949	1950	1951	1952	1953	1954	1955	1956	1957~8	1959
トキ900	2698	7597	8170	7791	7623	7534	7413	6595	5102	3312	2622	1971	714	105	71	0

写真8-5
トキ900形900
1943年4月国鉄大宮工場製の試作車。
写真は打当て試験後のため車体が歪んでいる。
アオリ戸は前後2分割式の5枚側である。試験用車のためブレーキは装備せず、妻構上部の平板は打当て試験での変形量を測定するためのもの。　P：吉岡心平所蔵

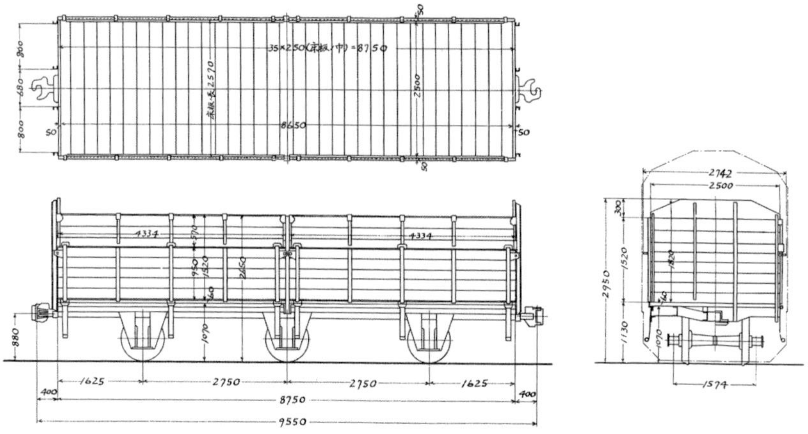

図8-5
トキ900形900の形式図
図番はVD0701で、作図は1942年12月。

写真8-6　トキ900形901
アオリ戸は３分割５枚側で、妻柱は山形鋼製で細いもの。側板の固定方は量産車と似ている。　P：吉岡心平所蔵

写真8-7　トキ900形902
アオリ戸は３分割５枚側で、妻柱は不等辺山形鋼の切断品。側板の固定は木柱を使用している。　P：吉岡心平所蔵

●上回り

車体はトキ901、902と似た前中後３分割のアオリ戸とし、アオリ戸は膨出を減らすため側板の幅を狭くして高さを950から860mmに下げ、代りにその上の側板は３枚側から160×50断面の４枚側に増やした。側柱は４本あり中央アオリ戸の突当てを兼ねている。上部側板６枚のうち左右にある４枚は固定だが、中央の２枚は取外可能として左右の側柱に差し込んで固定する方式とした。

●下回り

台枠は図8-7に示すように、資材節約のため従来とは一変した。側梁はトラ6000形と同じ180×75溝形鋼だが、中梁は従来の250×90断面から側梁と同じものにダウンサイズして連結器中心に合わせて配置し、上部に出来た隙間は木製の縦根太で埋めた。

側梁間隔は車軸にトキ10形と同じ基本12トン短軸を用いたためトラより約350mm狭くなり、いっぽう軸距は2,750mm×２とトキ66000形より広くした。端梁と横梁は溝形鋼を加工したものである。

写真8-8
トキ900形2211
1944年３月川崎車両製の量産形。
車体の木部は標記のある場所以外は白木だが、アオリ戸受けバネの先端は丸く加工され、輪軸のタイヤも正規の寸法である。
P：吉岡心平所蔵

図8-6
トキ900形（量産形）の形式図
図番はVD0705で作図は1943年２月。

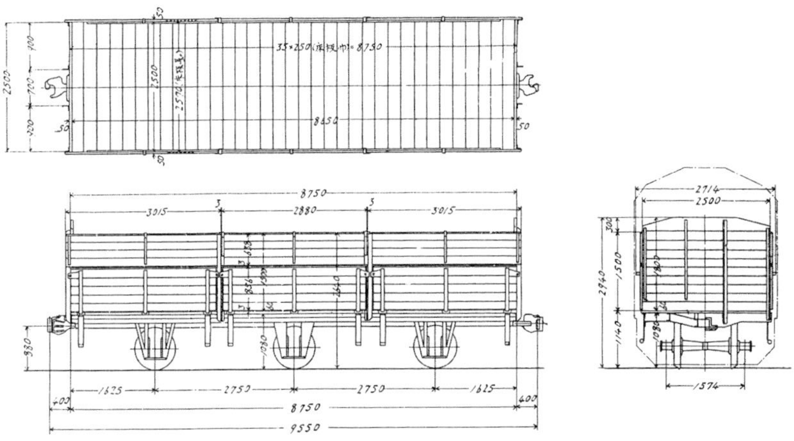

写真8-9
トキ900形10826
1945年7月新潟鉄工所製。
終戦直前の落成のため、アオリ戸受バネは先端が平らのままとなり、輪軸も落成時からタイヤを9mm薄く幅も狭くして直径を842mmとした戦時設計品に変更されている。
なお、写真の車両は1956年9月にチ500形874に改造された。
1955年頃　P：村本信夫

走り装置は長リンク式だがバネは新設計の負担力6.5トンの12種、軸箱守は前後軸は形鋼組立、中央軸は鋼板プレス品である。連結器と緩衝器はトラ6000形と同じで、空気ブレーキはKD203形で基礎ブレーキは3軸全てに作動するようにした。

●その後

1945年度末では8,170両が在籍していた。敗戦後は本形式の処遇が問題となり、当初は3軸20トン積長物車と有蓋車、2軸17トン積無蓋車への改造が計画されたが、実現したのは長物車だけであった。

1947年5月には中央部の側板が外れ、旅客列車の乗客を死亡させる事故が発生、その後は暫定的に該部を取外し荷重も20トンに減トンした。

その後、改造ではバラバラに解体して鋼材と装備品だけを再利用する方針に転換、表8-5に示す合計5,100余両に改造された。なおチ500、チサ1600、ソ50形の3形式は台枠以下も再利用している。

最後は編成になって青梅線の石灰石列車に使用されていたが、1959年度に形式消滅した。

表8-5　トキ900形の転用改造車

改造年度	改造方式	形式	両数	番号
1955	部材のみ	ワ10000	500	10000～499
〃	〃	ワム2000	480	2678～3157
1951～52	〃	ワム23000	1600	32000～33599
1954～56	〃	ワム90000	700	90875～91174，91825～92224
1951	〃	レ10000	73	10100～10172
〃	〃	ウ300	50	300～349
1955	〃	ポ100	20	210～229
1956	〃	トム60000	200	60000～60199
1952～56	台枠以下	チ500	361	500…875
1946～47	〃	チサ1600	400	1600…2203
1953～56	部材のみ	リム300	50	300～349
1951～52	〃	ヨ3500	750	3550～3849，3950～4399
1951	〃	キ950	1	950（トキ2両分を使用）
1949	台枠以下	ソ50	2	50，51

注：この他に客車のヌ1000（後の100）形にも転用されている。

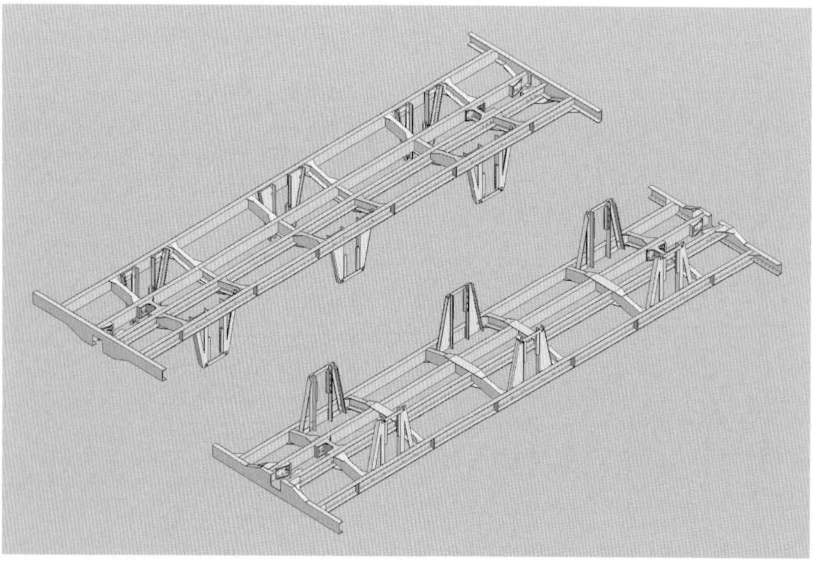

図8-7
トキ900形の台枠
従来とは隔絶した設計で、側梁間隔は短軸使用のため約350mm狭くなり、中梁も側梁と同じ180×75溝形鋼に細くなった。
中央軸の軸箱守をプレス成型品で残したのは、輪軸の横動量を確保するため厚さが前後軸の約半分しかないことによる。
作図：吉岡心平

8.5　トキ15000形

●誕生の経緯

敗戦後、連合軍の指導でボギー貨車を製作することになり、その一環として誕生したのが本形式である。

●車歴

1948～1957年度に15000～20614の5,615両が貨車メーカー各社で製作された。２車現存車が存在するため、最終番号は20616である。

●仕様

戦中期に製作されたトキ10形(本書32ページ)をマイナーチェンジした設計で、荷重は35/石炭30トン、内法寸法は長さ12,900×幅2,500×アオリ戸高さ965mmと、長さがトキ10形より200mm長くなった。床面積は32.3m^{2}であった。

表8-6　トキ15000形の製造年順表

製造順	番号	両数	製造年度
前期形	15000～17699	2700	1948
	17700～18199	500	1949
中期形	18200～18294	95	1951
	18295～19234	940	1952
	19235～19244	10	1953
後期形	19245～19364	120	〃
	19365～19864	500	1954
	19865～19914	50	1955
	19915～20114	200	1956
	20115～20614	500	1957

●上回り

車体部分はトキ10形に酷似した設計で、側面は同長のアオリ戸４枚を用いた総アオリ戸式とし、アオリ

表8-7　トキ15000形の両数変遷

形式	年度末両数																					
	1948	1949	1950	1951	1952	1953	1954	1955	1956	1957～9	1960	1961	1962	1963	1964	1965	1966	1967	1968	1969	1970	1971	1972
トキ15000	2700	3200	3197	3196	4230	4370	4859	4909	5106	5605	5591	5547	5484	5233	4997	4736	4249	3932	3591	3221	2865	2404	1601

年度末両数												
1973	1974	1975	1976	1977	1978	1979	1980	1981	1982	1983	1984～5	1986
1007	607	350	279	201	81	68	57	38	23	18	13	0

写真8-10　トキ15000形15955
1943年三菱製の前期形で、側梁には枕梁／横梁との接続部にリベットがある。　　P：吉岡心平所蔵

図8-8
トキ15000形の形式図
図番はVD0747で作図は1948年1月。

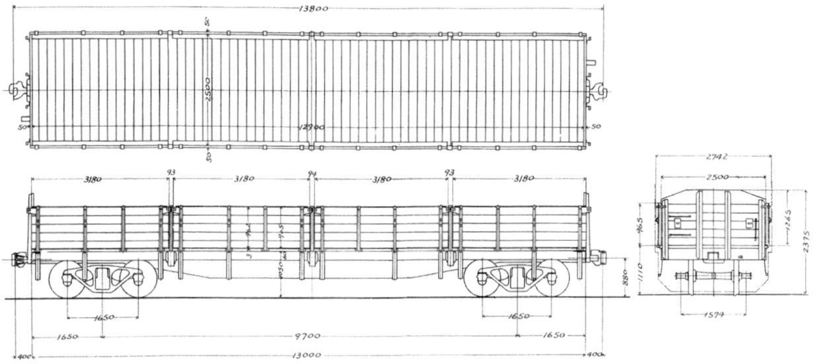

戸は長さ3,180mmでトキ10形より50mm長く、高さは965mmで、トキ10形と同じであった。

妻構もトキ10形と同形で、上辺の床面高さは1,265mm(コトラと同じ)だが、トキ10形と異なり車体からの取外しは考慮していない。

床板は200×60断面の木板で、床面のレール上高さは1,110mmであった。

●下回り

トキ15000形は製造時期により台枠と基礎ブレーキの構造が異なるため、ここでは3グループに別けて解説する。

8.5.1　前期形　15000～18199

1948～1949年度に15000～18199の3,200両が貨車メーカー各社で製作された。

前期形の台枠を図8-3に示す。トキ10形と同じいわゆる魚腹型台枠で、魚腹形の中梁は250×90溝型鋼の腹を裂き、間隙に厚さ9mmの鋼板を埋め込んで溶接した。これを左右2本合わせて上面に厚さ9mmの鋼板を鋲接して一体化し、応力の集中する下面には左右別々に幅120×厚さ12mmの鋼板を溶接した。

側梁は200×80溝型鋼で、軽量化のためトキ10形の200×90断面より小型とした。

横梁数はトキ10形と同じ5本で、横梁は2本ある中梁で左右と中央に3分割されているが、下面の当板は魚腹部に空けた横長の穴を通して、3箇所の横梁を一体化している。この構造はチキ1000形以来の伝統で、我が国のボギー長物／無蓋車の特徴と言って良いだろう。

台車はトキ10形の菱枠型から一変して、米国流の一体鋳鋼台車であるTR41形を初めて採用した。軸距は1650mmでTR20形より100mm短かい。枕バネはトキ10形と共に開発された2連親子バネのAC3454形とした。車軸はトキ10形と同じ基本12トン短軸である。

装備品は連結器は並型上作用、緩衝器は丙種引張摩擦式、空気ブレーキはシリンダと空気溜が一体となったKC254形、留置ブレーキは片側テコ式であった。

8.5.2　中期形　18200～19244

1950年度はドッジラインによる支出抑制のため増備はなく、1951～1953年度に1,045両が貨車メーカー各社で製作された。

これが中期形で、前期形と仕様／上回りは同じだが、下回りと装備品が改良されている。

台枠は組立が面倒な中梁と枕梁とが交差する中枕梁部分を一体の鋳鋼品(図8-9)に変更した。

装備品では連結器が横コッタ式上作用、緩衝器は50トン輪バネ式に変更された。これも米国流を取り入れたもので、重量は重くなるが横動に優れていた。

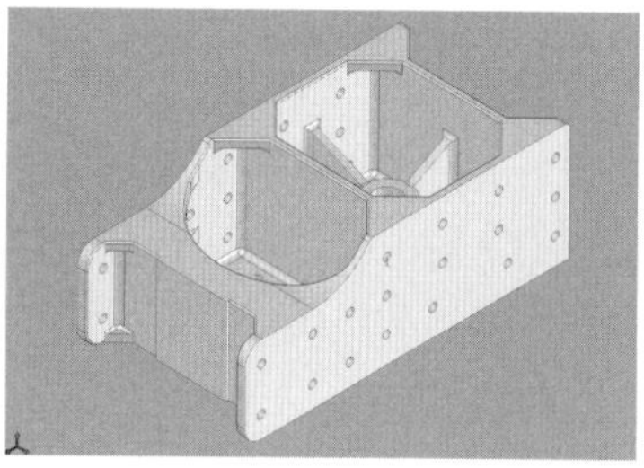

図8-9
中期形が採用した鋳鋼製の中枕梁
作図：吉岡心平

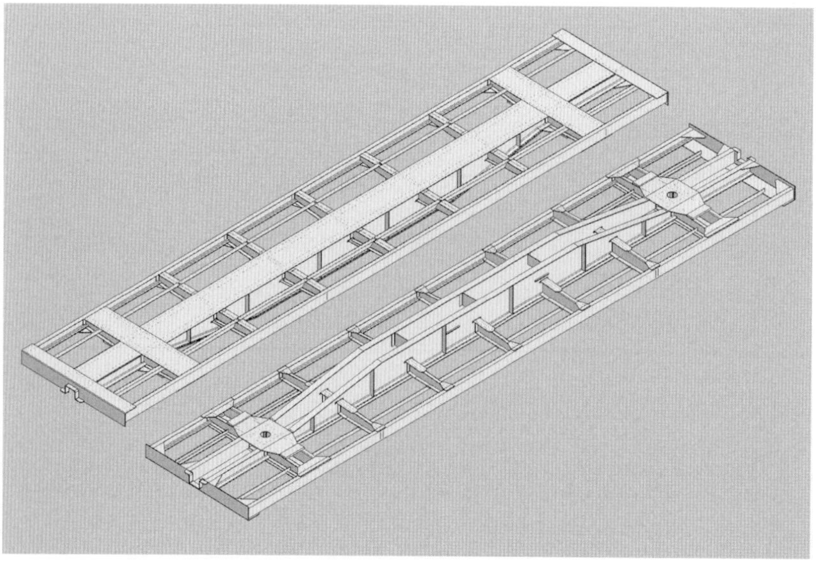

図8-10
トキ15000形(前期形)の台枠
トキ10形の台枠をマイナーチェンジしたもので、長さが200mm長い。組立は溶接主体だが、部分的に鋲接が残っている。
作図：吉岡心平

写真8-11　トキ15000形18224
中期形で1951年度予算の車両だが、落成は1952年４月日車本店製。基礎ブレーキはタイプＡ。　P：吉岡心平所蔵

写真8-12
トキ15000形19148
1952年富士車両製。中期形のタイプＢで、床下にはタイプBの特徴である短いリンクの存在が見て取れる。　P：吉岡心平所蔵

台車はTR41形の心皿高さを10mm低くしたTR41Aとなったが、外観による識別は国難である。

ブレーキ装置は中期形の製作途中に大きく変更された。変更前をタイプA、変更後をタイプBとすれば、タイプBはテコ式留置ブレーキのストローク調整を容易にするため、調整部を魚腹台枠の中から外に移設したもので、「２段式ブレーキ」と通称される。

タイプBの区分は製造途中の変更のため入り組んでおり、資料では18295～18439, 18590～19009, 19020以降とされている。空気ブレーキはKC254形だが、シリンダの位置が台枠中央に変更された。

その後、前期形と中期形タイプAは、車両整備工事の際にタイプBと同じ２段式ブレーキに改造されたため、両者は区別できなくなっている。

8.5.3　後期形　19245～20614

1953～1957年度に1,370両が貨車メーカー各社で製作された。

後期形は台枠構造を全面的に見直し、全溶接組立とした点が特徴で、魚腹型の中梁は厚さ12mmの腹板に厚さ19mmのフランジをT字型に溶接したシンプルな構造とし、厚さも前後20mm、魚腹部50mm厚くして中梁の間隔も広くした。横梁との組立も鋲接を廃止したため、側面からリベットが消えた。

台車はTR41A形の心皿部を30mm下げてTR41C形

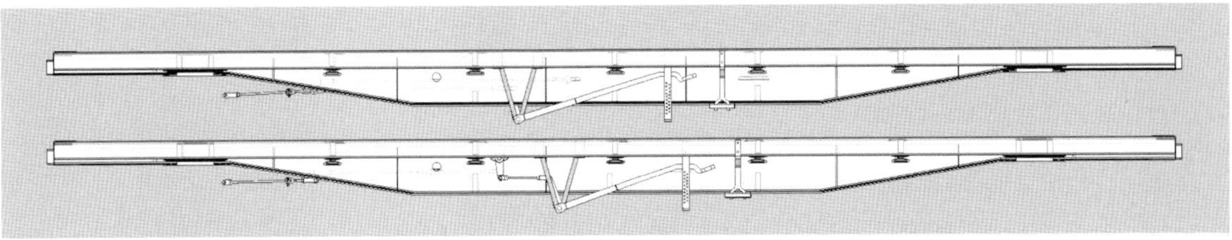

図8-11　トキ15000形中期形のブレーキ装置の比較
上がタイプＡで基礎ブレーキが１段式、下がタイプＢで基礎ブレーキは２段式。側ブレーキテコの回転軸を２本に増やし、その間を短いリンクで繋いだのが特徴で、この部分で側ブレーキのストローク調整を可能とした。　作図：吉岡心平

写真8-13　トキ15000形20302
後期形で1957年５月日車本店製。台枠は全溶接構造となり、側梁の表面からリベットが消えた。また台車は心皿高さを30mm低くしたTR41C形となったが、外観では見分けがつかない。　P：吉岡心平所蔵

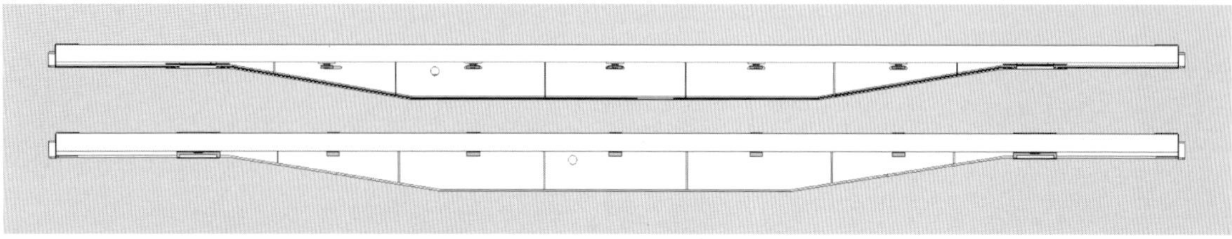

図8-12　トキ15000形中期形と後期形の台枠寸法の比較
上が中期形で組立は鋲接併用だが、下の後期形では全溶接組立となり、魚腹型の中梁は前後が20mm、魚腹部は50mm、それぞれ厚さを厚くして強度を向上した。これに伴い台車は心皿面を30mm下げたTR41C形を開発／採用した。　作図：吉岡心平

とした。

8.5.4　積空ブレーキ試験車

本形式を連ねた専用貨物列車ではブレーキ力の不足が顕著なため、1957年度の重要技術課題で「貨車の積空ブレーキの研究」が取上げられ、国鉄土崎工場で試作した積空ブレーキをトキ15000形19両に取付けた。試作したブレーキは欧州に多い機械的にブレーキテコ比を切替えるものである。改造された19両は東八幡平～須賀間の急行鉱石列車（最高速度75km/h）で、長期間の実用試験に供されたが、結局実用化されず、改造車も運用終了後は散り散りになっている。

●その後

前期形は戦後の混乱期に製作されたため、15年持たずに廃車となるものが続出、1967～1969年度には250両がチキ4500、5000[二代]形の改造種車となり台車を供出した。いっぽう溶接台枠の後期形は昭和40年代に勃興した物資別適合貨車の種車に指定買いされ、残った車両も転動防止貨物用の木床トキとして特定荷主に賞用された。形式消滅は1986年だが、本形式から改造したトキ21500形は2001年迄現役だった。

写真8-14　トキ15000形19753
積空ブレーキの試験車。⇩の下に積空の切替レバーがある。
1971.8　越中島　P：堀井純一

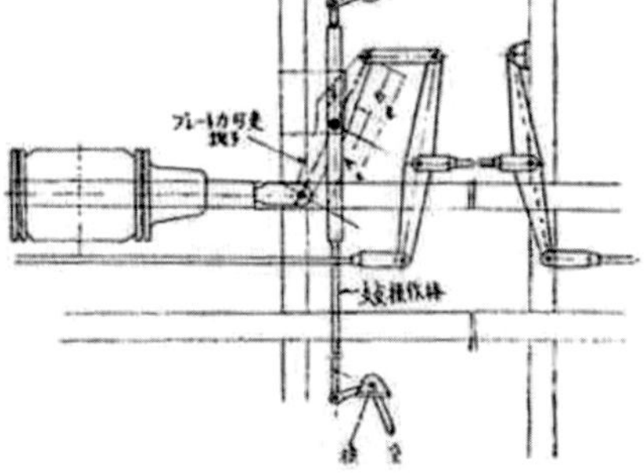

図8-13
試作された積空ブレーキの構造図
レバーの操作により、積空でテコの支点を切換える。

8.6　トキ 25000 形

●誕生の経緯

戦後の混乱期に製作されたトキ15000形は寿命が短く、1965年度末では876両（全体の約15%）が廃車された。また1966年５月に実施した運賃改訂では大型貨車の利用を有利としたため、不足したトキを補うべく、新型のトキを開発することになった。

●仕様

トキ15000形は石炭荷重が30トンに制限されていたが、本形式では石炭も36トン積載出来るよう、容積を$79.6m^3$に拡大した。車体幅はトラ55000形と同値（限界一杯）とし、床面を94mm高上して開扉時の地面との接触を避けることで、アオリ戸高さを105mm嵩上げした。これにより車体長さは僅か386mmの増加で済んだが、腰高で不安定な外観となっている。

標記では36トン積であることを強調するため、新たに小文字の符号「オ」を制定した。

8.6.1　前期形　25000 ～ 26299

前期形1,300両は、1966年11～12月の短期間に貨車メーカー７社で製作された。

●上回り

トラ55000形の拡大版だが、無蓋車で初めて耐候性高張力鋼板（SPA-H）を広範囲に使用した。

アオリ戸はトラと構造は同じだが寸法は105mm高く338mm狭くなった。板厚はトラと同じ3.2mmだが、材質は耐候性高張力鋼板に変更し、ヒンジ構造はトラ55000形後期形（本書23ページ）に倣い、主ヒンジ３組と補助ヒンジ２組の併用とした。

妻構もトラと同じで、妻板は耐候性高張力鋼製でア

表8-8　トキ25000形の両数変遷

形式	年度末両数																			
	1966	1967	1968	1969	1970～1	1972	1973	1974	1975	1976	1977	1978	1979	1980	1981	1982	1983	1984	1985	1986	1987
トキ25000	1300	3005	3500	3615	4355	4320	4318	4281	4373	4345	4334	4327	4314	4301	4287	4259	3503	2259	1854	715	→JR

写真8-15
トキ25000形25635
1966年舞鶴重工製の前期形。最初に製作された床面に埋木の無いタイプだが、外観からは区別がつかない。
台車はTR209形でコロ軸受はJT9形、クラはナロータイプである。
P：吉岡心平所蔵

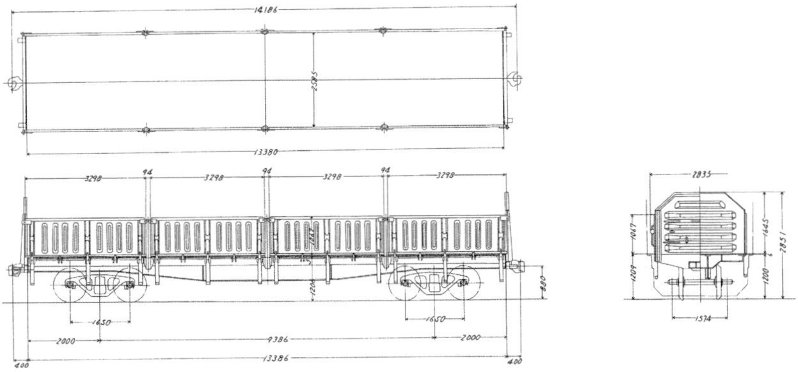

図8-14
トキ25000形（前期形）の形式図
図番はVC03790で作図は1966年６月。

オリ戸に合わせて垂直部を70mm長くした。周囲の上枠と隅柱はトラと共通設計である。

床板は厚さ6mmでこれも材質を耐候性高張力鋼板に変更した。

車体塗色はコロ軸を装備したため、転動防止の注意色としてコキ5500形と同じ赤3号とした。なお当初、車内はとび色2号に塗分けていたが、1977年以降は塗装簡素化の目的で外部と同色とした。

●下回り

台枠はトキ15000形と同じ魚腹形だが、軽量化のため枕梁を車体中心寄に配置し、両端と枕梁間では左右中梁間の間隔を変更した。側梁は従来と同じ200×80溝型鋼とした。

装備品では連結器は強化型のピン付縦枠式とし、復心装置は端梁内側に装備した。緩衝器はコキと同じRD19形ゴムである。空気ブレーキはトキ15000形と同じKC254形で、留置ブレーキは汎用貨車で初めて両側ブレーキを採用した。

台車はJT9形コロ軸受を装備したTR209形で、汎用貨車のコロ軸受採用は初めてである。クラはナロータイプ、車軸のジャーナル径は110mmであった。

8.6.2 中期形 26300～28649

トラ55000形後期形（本書23ページ）に倣って床面に埋木を設置したグループで、26300～28649の2,350両が1967年5月～1969年7月に貨車メーカー6社で製作された。

仕様と上回りは前期形と同一だが、床板に転動防止装置（＝埋木）を設置した点が異なる。その構造はトラ55000形後期形を改良したもので、埋木面積はトラの使用実績から2.6倍に拡大、配置数も16個とトラの倍とした。埋木厚さは従来の木製床板と同じ60mmである。

台枠を図8-16に示す。前期形の台枠とは転動防止装置があるため荷受梁の向きが90度異なるが、中梁など基本部分は両者同一である。なお1967年製のトキ27250以降は中梁間にある中横梁の傷入り防止のため下面に補強材を追加した。

装備品は前期形と同一だが、トキ27250以降は留置ブレーキに緊解表示装置を新設し、これ以前の車両も同じものを後天的改造で設置した。

台車はコロ軸受のクラ形状をワイドタイプとしたTR209A形になった。さらに1969年製の28500～28649

写真8-16　トキ25000形28612
中期形で1969年若松車両製。台車はコロ軸受がJT10形となったTR209B形である。　1995.8　横浜本牧　P：吉岡心平

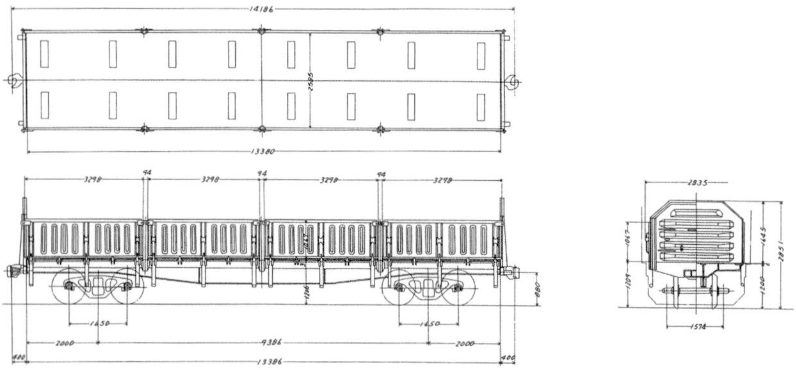

図8-15
トキ25000形(中期形)の形式図
図番はFC0313で作図は1967年2月。

図8-16
トキ25000形（中期形）の台枠
トラ55000形に倣って転動防止用の埋木を16箇所に設置した。埋木の収納部はトラと同様に床板に取付けられている。
作図：吉岡心平

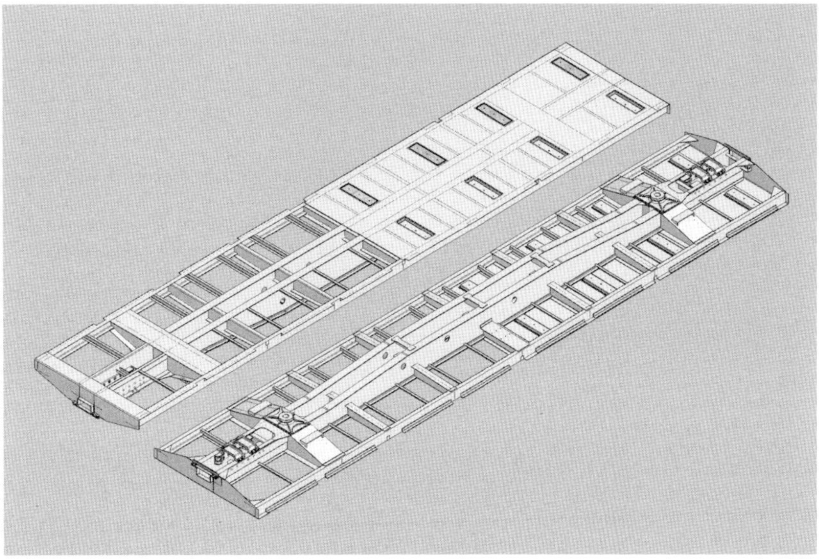

写真8-17
トキ25000形25680
1970年日車輸送機製の後期形。
床面には長手方向に大型の埋木を持つが、外観からでは判らない。台車は繋ぎ梁と大径心皿のあるTR213-2形となり、コロ軸受はJT10形である。　P：吉岡心平所蔵

は台車を車軸のジャーナル径を120mmに太くし、コロ軸受をJT10形に変更したTR209B形に変更した。

8.6.3　後期形　28650 ～ 29399

トキ28500～28649と並行製作したトラ70000形後期形（本書28ページ）の埋木構造が好評だったことから、これを取入れたのが後期形で、28650～29399の750両が1970年７月～1971年１月に貨車メーカー７社で製作された。

仕様と上回りは中期形と同一だが、唯一アオリ戸の周囲枠を変形防止のため耐候性高張力鋼製とした。

台枠を図8-19に示す。床板は従来と同じ厚さ６mmの鋼板だが、転動防止装置は車体全長に亘って幅600mmの埋木を中梁の左右に配置した。これにより埋木面積は14.9m^2と、床面全体の43％を占めるまで拡大した。埋木の固定は収納箱を止め、枕梁／端梁にボルトで固定する方式とした。枕梁間の埋木は４分割のため継目部分に新たな横梁を追加し、埋木と接する面には腐食防止のため薄板製のキセを設置した。

いっぽう枕梁は中央部を従来より20mm薄くして転動防止装置による重量増を吸収した。これに伴い魚腹部前後の傾斜は急になり、横梁と荷受梁も従来の10/24本から14/28本に増え配置も一変した。さらに台車の変更に伴い枕梁下面の心皿も大径心皿に変更されている。

台車は走行性能改善のため、ホキ2500形と同じTR213-2形に変更した。なお「-2」は鋳鉄制輪子の使用を意味する符号である。

1970年製の29150～29399の250両は空気ブレーキをコキ5500形と同じARSD形積空ブレーキに変更し、ブレーキシリンダは290mm径のゴム製ダイヤフラムを前後台車別に２個装備した。これに伴い台車もTR213-1形（レジンシュー使用）となった。

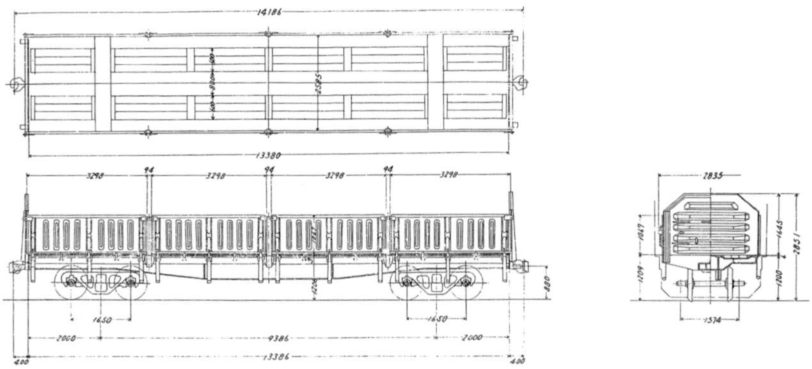

図8-17
トキ25000形(後期形)の形式図
図番はFC0361で作図は1970年2月。

写真8-18　トキ25000形29499
1975年川崎製の終期形。トラ55000形の改良アオリ戸の成果を取り入れたため、車体外板は平板となり外観は一変した。
1982.3　西八幡　P：吉岡心平

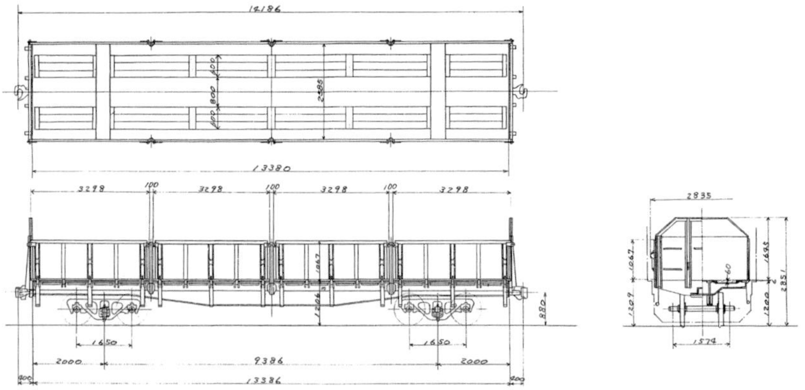

図8-18
トキ25000形(終期形)の形式図
図番はFC0410で作図は1975年3月。

8.6.4　終期形　29400～29499

国鉄最後の新製無蓋車として1970年に29400～29499の100両が川崎で製作された。

仕様は従来と同じだが、上回りは従来と一変し、トラ55000形の改良アオリ戸(本書26ページ)の成果を取り入れ、周囲枠の横枠には汎用貨車で初めて高張力鋼(HT60相当)を使用して側板を耐候性高張力鋼の平板とした。妻板も厚さ4.5(一部3.2) mmの耐候性高張力鋼の平板として、強固な妻柱と組み合わせた。

いっぽう下回りは、台枠と転動防止装置は図8-19と変らず、装備品も後期形のトキ29150～29399と変わらない。

台車は体質改善車用のTR213B形となった。

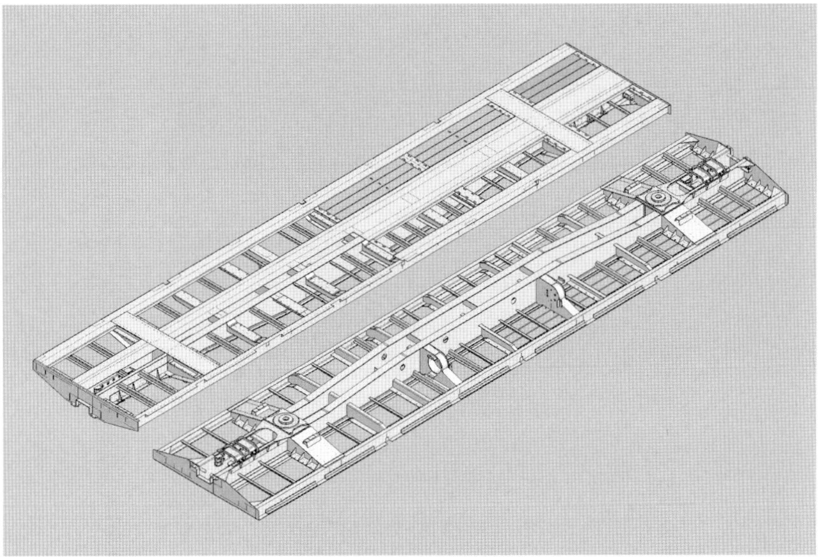

図8-19
トキ25000形(後期形)の台枠
後期形のうち積空ブレーキを装備したトキ29150～29399の台枠を示す。
埋木を長手方向に配置したため、複雑怪奇な構造となり、横梁と荷受梁が増えた分の重量を削減するため、枕梁部分は中期形より20mm薄くなった。
積空ブレーキの車両はブレーキシリンダとしてゴム製ダイヤフラム２個を台枠横梁に埋め込んでいる。　作図：吉岡心平

●その後

1970年以降、物資別適合貨車に125両、ヤ550形事業用車に18両、キ700形雪掻車に７両が改造された。JRへの移行では、JR貨物に715両が承継されている。

8.6.5　アオリ戸更新車

JR貨物では1991年から延命工事を施行し、アオリ戸の状態不良車を新品アオリ戸に更新したが、正確な施行両数は不明である。

更新用のアオリ戸は終期形と同等品(図8-20の中段)を基本としたが、名古屋車両所の更新車には小数だが図8-20下段のアオリ戸を用いた車両もあった。

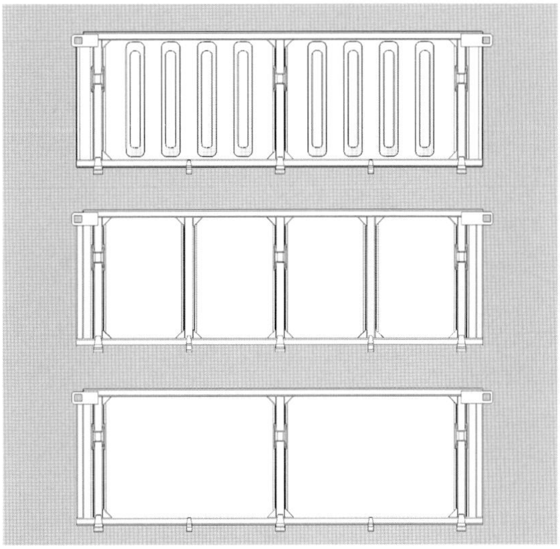

図8-20　トキ25000形のアオリ戸
上から前期形～後期形、中は終期形、下はアオリ戸更新車のアオリ戸を示す。

写真8-19　トキ25000形25806
名古屋車両所のアオリ戸更新車で、図8-20下段のアオリ戸を装備した例。このタイプは数両しか発見されていない。
1992.12　知多　P：吉岡心平

おわりに

本書では、台車やブレーキについては全車種共通でもあり、紙幅の制約もあり割愛した。いずれ機会を見てまとめることにしたい。また掲載形式の分類や年度別両数については未だ研究途上であり不明な部分も多く、あくまでも現時点でのベストエフォートである点をご理解頂きたい。

本書をまとめるに当たり、写真では堀井純一、車歴調査では矢嶋　亨の各氏にご協力頂いた。

また以下の方々からは貴重な資料と写真をご提供頂いた。末筆ながら御礼を申し上げる次第である。

阿部貴幸、鈴木靖人、星　晃、堀井純一、村本信夫（アイウエオ順、敬称略）

吉岡心平

写真8-20　試運転を待つトラ45000 形の群　P：星　晃